自 然 文 库
N a t u r e
S e r i e s

The Most Perfect Thing

Inside (and Outside) a Bird's Egg

剥开鸟蛋的秘密

〔英〕蒂姆·伯克黑德 著

朱磊 胡运彪 译

商务印书馆
The Commercial Press

2020年·北京

This translation of

THE MOST PERFECT THING:

INSIDE (AND OUTSIDE) A BIRD'S EGG

By Tim Birkhead

is published by The Commercial Press Ltd

by agreement with Bloomsbury Publishing Plc.

目录

前言

鉴于我自己早年的研究经历，与本书有关的积累可谓是由来已久，但直到一次偶然的机缘巧合，我才真正开始着手写作。2012 年的某个晚上，我碰巧看了电视里播放的野生动物纪录片。片中一位颇有名望的主持人站在一家博物馆里收藏鸟卵的陈列柜边，他拉开其中一个抽屉，取出了一枚白色的鸟卵，然后对着摄像机镜头展示这枚卵的大小和形状。这枚卵最特别之处在于它有一端非常凸出，整枚卵呈明显的梨形。他随后指出这是一枚崖海鸦的卵，之所以具备这样的形状是为了不利于滚动，而这正是对在悬崖上窄小的岩石凸起筑巢繁殖的一种适应。为了证明这一观点，这位主持人将卵放在陈列柜上，再用手转动它，毫无疑问，崖海鸦的卵围绕着自己凸出的一端开始在水平方向上打转，而并没有向四处滚动。

我简直不敢相信自己看到的这一切。倒不是因为这看起来很有趣，而是我吃惊于一位知识如此渊博的著名自然博物类节目主持人居然犯了这样的错误。有关崖海鸦卵的形状不利于滚动的观点早在一个多世纪前就已经遭到了驳斥，而这位主持人却再次将这一错误看法传递给了电视机前的广大观众。

你完全可以将一枚崖海鸦的卵沿着它的长轴旋转，尤其是当你使用上述节目中那样来自博物馆的空卵壳时。为了便于保存，这些卵当中原有的蛋白、卵黄或是正在发育的胚胎早已被清空了。一枚真正完整的崖海鸦卵的表现并非节目当中所呈现的那样。

我写信给那位主持人指出他在节目中向大家传递了错误的信息，而他第一时间的反应是完全可以想象得到的不愉快。我同时还建议可以寄送相关的研究论文供他参考。就在要把资料寄出之前，突然间觉得自己有些信心不足。这是要明确指出一个非常有名的主持人犯了个错误，而在这一问题上我自己也完全可能出现疏忽。为了稳妥起见，我决定回过头去好好阅读相关的文献。

从 20 世纪 70 年代早期开始，我就辗转在英格兰、威尔士、苏格兰、纽芬兰、拉布拉多岛和加拿大北极地区研究崖海鸦。在跟它们朝夕相处的 40 年间，也几乎阅读了所有关于它们的研究文献。但我最后一次读到关于崖海鸦卵形状的论文已经是 20 年前了，这也是我会对自己的记忆产生怀疑和决定重读文献的原因。而当我开始重新翻阅这些文章的时候，才发现里面的数据和由此得出的结论，比我记忆当中的要模糊和混乱得多。另一点让我感到惊讶的是，大多数这方面的论文都以德文发表。尽管其中一些附有英文摘要，但如同每位科学家都知道的那样，与其说摘要是一篇论文内容精准的浓缩，倒不如把它想象成一个装点得有些过于美观的商店橱窗。作者们在摘要里呈现自己的结果时，往往有夸大其词的倾向。

第一篇试图运用传统智慧思路解释崖海鸦卵形状的文章，宣称这样的形状使得卵只会沿一个弧形轨迹来回滚动，而这一特质将有助于防止卵从巢中滚落悬崖。

读了这篇文章的摘要，并借助德英词典尝试理解了文中的表格和附图后，直觉让我感到这当中有些地方存在问题，没法自圆其说。于是我找到了系里面一位会德语的学生，花重金请他逐字逐句翻译了这篇文章。最后发现此文的结论非常不清晰，由此看来不仅原地打转的观点经不起推敲，这个沿弧形滚动的说法也一样没太大说服力。

我决定更深入地研究下去。尽管这看起来是个古老的问题，但重新开展有关崖海鸦卵的研究却仿佛探索一个崭新的世界，处处都是通往未知领域的新方向，仿佛要去进行一次令人激动的旅程。从某种角度来说，这似乎听起来微不足道：谁在乎为什么崖海鸦要产如此形状的卵呢？然而从另外的角度来看，这样的研究是美好的，包含了"科学"这个词当中全部的应有之意。恕我冒昧，许多科学研究都被政府强加的评价所扭曲，这些短期的为了获取经费资助所开展的研究往往产生言过其实的结果，甚至有时根本就是弄虚作假。我对崖海鸦卵的探究则自带一种冒险气质，而这种纯粹为了求知所进行的冒险正是我理解的"科学"二字所应具备的品质。

很快我就意识到，过去最受鸟卵收藏家们追捧的正是崖海鸦的卵。在曾经收藏鸟卵还是一种风尚的年代，所有人都希望自己的藏品里能拥有一些崖海鸦[i]的卵。这是为何呢？因为它们的卵异常美丽：大而鲜艳，颜色和图案极为多变，且正如您在电视上所见，形状也很奇特。

1972 年我在南威尔士西端近岸的斯科默岛（Skomer）上开始了对崖海鸦的研究，并且之后每年都会回到那里。四周被 200 英尺[ii]悬崖所环绕的斯科默岛是英国最为重要的海鸟集群营巢地。今天这里已经受到了全面的保护，但在过去，跟几乎所有英国海鸟繁殖地一样，斯科默岛也曾经遭受过鸟卵收集者的掠夺。

1896 年 5 月，加迪夫博物学会的创始者之一——罗伯特·德雷恩（Robert Drane）与乔舒亚·詹姆斯·尼尔（Joshua James Neale）和尼尔的妻子及其 10 个孩子一起造访了斯科默岛。关于这次旅行有两份文字记录：尼尔所写的平淡无奇，但德雷恩的却显得有些怪诞。德雷恩给自己的记录取名为《受难地的一次朝圣之旅》（A Pilgrimage to Golgotha）。他写道"为避免毫无保留地公开我们在当地的发现给那里的自然环境造成危害"，从而并未言明受难地究竟指的是何处及何物。受难地是耶稣受难像的隐喻，但从字面上讲是指有颅骨的地方。从那时直到现在，斯科默岛上一直散落着海鸟的头骨，多是被大黑背鸥捕杀的大西洋鹱遗骸。即便是今天，这里大西洋鹱的头骨和尸骸数量也很惊人，同样惊人的是这种海鸟的繁殖种群规模，据估计目

---

[i] 崖海鸦属（Uria）共有两种：在英国有繁殖的崖海鸦 U. aalge 和在更靠北地区繁殖的厚嘴崖海鸦 U. lomvia。它们在大西洋和太平洋都有繁殖地。北美将两种分别称作 Common Murre 和 Thick-billed Murre。还有如白斑翅海鸦 Cepphus grylle 这样关系较远的种类，且它们的繁殖生物学特征差别也较大。正文所提及的鸟种学名参见第 265—271 页。

[ii] 1 英尺约合 0.3 米。——译注

前岛上这种夜行性海鸟达 20 万对之多。

在斯科默岛期间，尼尔的两个儿子在峭壁上四处攀爬为德雷恩收集崖海鸦和刀嘴海雀的卵。这种行为颇有风险。尼尔曾以简明的笔触记述了一次他的大儿子从船里爬到悬崖上，想要接近一群崖海鸦，结果不慎没抓牢而跌落了下来，撞到悬崖后翻滚掉入海中。不知道他具体下坠了多高，好在人没有摔晕过去，并设法游到了一块礁石边。幸好弟弟就在附近，成功地将他拽回了船里。差不多一天之后，尼尔的大儿子从这次跌落中恢复了过来。但尼尔写道"这让他不再害怕攀爬……"。

尼尔并没有指明是在哪儿发生的这起事故，但也没有太多的地方能够让人从船里爬上斯科默岛周围的悬崖。我猜应该是在岛东端一个叫作鸬鹚洞海湾的地方，这里直到今天还有不少崖海鸦，但曾在此繁殖的欧鸬鹚却已消失。

在这起事故之前，尼尔的儿子们已经收集到了不少的鸟卵，随后都送到了加迪夫自然博物馆，成为那里由"每年造访南威尔士沿海的朋友们"积累起来的数百枚鸟卵收藏的一部分。德雷恩在自己发表于《加迪夫博物学会学报》(*Transactions of the Cardiff Naturalists' Society*)的一篇论文中称颂了这些鸟卵的多样和美丽。他前无古人后无来者地选取了收集自斯科默岛的 36 枚崖海鸦卵和 28 枚刀嘴海雀卵，以 4 枚一页的石版画形式展现了它们在色彩、图案、形状和大小极为丰富的变化。这些配图质量相当高，但德雷恩关于斯科默岛和这些卵所附的文字描述却不敢恭维。[1]

德雷恩并非从斯科默岛收集崖海鸦卵的第一人。一张拍摄自 19

世纪末期属于沃恩·帕尔默·戴维斯（Vaughan Palmer Davies）的照片里展示了他的女儿们及朋友清空崖海鸦卵内容物的场景，这些正值20岁左右的女士们正在为自己或其他人制作纪念品。[2]

最终被私人或博物馆所收藏的其实是鸟卵外层那层没有生命力的卵壳，卵壳内那些最终可以发育为新生命的内容物大多被吃掉或者扔掉了。提起鸟卵，大多人脑海中一般都会有两幅对比鲜明的画面。其中一个是如书上或博物馆中所展示的漂亮完整的鸟蛋。另外一个则通常是很常见的鸡蛋，要么是在菜篮子里放着，要么就是被做成了煎蛋后的样子。

但有关鸟卵的内容远较上述图片所包含的丰富得多。四十年来，我研究了多种鸟类和它们的卵，写作本书的目的在于希望带领大家走入一段前所未有的旅程。这是一次驶入鸟卵秘密世界的航行，而该领域此前少有人涉足，也从没人如我这般规划行程。我们将从鸟卵的外部向着它的遗传内核进发，沿路将领略鸟类繁殖演化上的三次重大事件。如此方可认识到鸟卵的本质——一个独立而且设施完备的胚胎发育的支持系统。

第一章我们会细心观察鸟卵的魅力，之后我们将目光转向它最显而易见的部分——卵壳。第二章检视卵壳如何形成，第三章解释它的形状怎样产生，第四章则讲述美丽卵色的由来，第五章则探究卵壳上色素和图案的意义及其如何演化。第六章介绍的是从卵壳向内接下来遇到的蛋白，一层我们很少在意的清亮胶质物，但实际却在保障胚胎发育上起到了复杂而关键的超乎人想象的作用。第七章介绍的是继续向里就会碰到的卵黄。这就是卵细胞，等同于人类的卵子，但在鸟类中由于包含了供应胚胎发育营养的液体——卵黄——而要大得多。卵黄的表面有一个细小的浅斑，是来自雌性的遗传物质所在，幸运的话它将和携带雄性遗传物质的一个或多个精子相遇。再幸运的话受精卵还将发育成胚胎。我们由外而内的旅程并非直达，将时不时需要做一些简短的迂回来对已经和将要了解的内容进行全景审视。例如讲到卵黄时，我会停下来告诉大家它是如何在鸟的卵巢中形成的。有人可能会认为受精是这一切过程的高潮，即来自雌雄个体的遗传物质进行结合的瞬间，然而实际上这却是鸟卵一生里最重要三幕的第一幕。第八章讲述另外重要的两幕：一是产卵；二是孵卵，这一过程的长短视鸟种而异，经 10 到 80 天不等时长后最终孵出雏鸟。

请把本书想象为您的一段未曾有过的旅程的指南。如同许多旅行指南都带有交通图一样，我的书中则展示了雌鸟生殖道的布局（见第 24 页）。这个布局相当一目了然，基本就是有着一个入口和出口的车道，而且没有岔路。您可能会时不时回来参考一下，以清楚自己处在什么位置。我的指南还带有鸟卵主要结构的三个图解：其中两个展示了鸟卵内容物的分布（见第 25 和 124 页），第 42 页上的第三个则显示了卵壳的精巧结构。当然书中还有其他的插图，不过最重要的就是上述三个。

关于鸟卵的文献数量成千上万，主要是因为家禽业为生产出理想的禽蛋产品已投入了数百万镑的研究经费。但就市场而言的理想产品，对母鸡来说却并不一定。几乎所有我们对于鸟卵的了解最初都源自家禽业生物学家的研究。他们做出了非常好的工作。至少在过去，谋求产业成功的内在驱动力，使得这些学者进行了严谨的科学研究，而他们的研究尺度对于其他生物学家而言是可望而不可即的。但在我们启程去了解已有的发现之前，请记住包括我在内的科学共同体并非对所有的问题都知道答案。尽管已有了许多的研究，但绝大多数都是在一个物种上开展，因此我们依然对很多东西缺乏认知。在目前的经济形势下，研究者为证明自身存在的必要性会有一种过度美化结果和夸张自己知识的倾向。对我来说，认识到什么是我们还不知道的非常重要，这才是研究工作令人兴奋的所在。我认为强调我们知识当中存在的空缺也没有任何不妥。这么做也是希望能够激励其他的研究者去探索那些尚待解决的问题。

我试图将自己认为与鸟卵相关且从生物学角度看来有趣的方方面面汇总到一起。同时，我也指出了那些重要的发现是何时及怎样产生的。鸡蛋在人类历史中似乎司空见惯，我们也早已习以为常，很少停下来想想它们的结构如何，不同的部分有什么作用。而从超市买到的鸡蛋没有经过受精，也不能孵化，因此实际上我们只见识了与之相关的生物学奇迹里的一个片段。我们对鸡蛋的熟悉，一叶障目般地屏蔽了世界上现生近万种鸟类的卵在大小、形状和结构上令人惊奇的多样性。总之，我的目标是想把有关鸟卵的知识介绍给您，让您重新认识这日常生活中的自然奇迹。

美国女权活动家托马斯·温特沃思·希金森（Thomas Wentworth Higginson）曾在 1862 年说过："如果需要以死亡之苦来为宇宙中最完美的事物正名的话，我会为了鸟卵铤而走险。"[3]

鸟卵的确在许多方面都堪称完美。从极地到热带，不同的鸟类在多种多样的栖息地及环境中产卵和孵育；无论潮湿还是干燥，无论清

　　　　　　　　　　　　　　　　　　　　剥开鸟蛋的秘密

洁还是有微生物滋生，无论有无鸟巢，无论是否由鸟类亲自孵化，鸟卵都能完美地适应这些条件。它们的形状、颜色和大小，连带里面的蛋白和卵黄共同构成了一个非凡的适应集合。事实上也正是鸟卵为生物学家研究人类生殖提供了最初的启示，这也让有关它们的故事更有价值。

我们的故事并非从斯科默岛，而是自英格兰东海岸弗兰伯勒角的本普顿悬崖开始。

第一章　采蛋者与收藏家

"若无关于鸟的知识，自然哲学将会非常不完美。"

——爱德华·托普塞尔，《天堂的禽鸟或鸟类史》

（Edward Topsell, *The Fowls of Heaven or*

History of Birds, 1625）

巨大而垂直的石灰岩崖壁在明亮的阳光下闪烁着令人震撼的白光。沿着大地突兀的边缘向东你就能看到弗兰伯勒角，向北是度假小镇法利，向南在视野之外则是另一个度假胜地布里德灵顿。但站在本普顿悬崖的顶上，却会感觉法利和布里德灵顿似乎在一百英里[i]之外，因为这是一个荒野之处，阳光灿烂时风景怡人，遇上潮湿起风的天气则愁云惨淡。在这个阳光明媚的初夏早晨，云雀和黍鹀在卖力地鸣唱，悬崖的顶上则开满了粉红色的异株蝇子草。悬崖边上有一条蜿蜒的小径，一侧是形状不规则的农田，另一侧则是一个接一个深入海中

---

i　1英里约为 1.609 千米。——译注

的岬角，刺耳的声响和一些难闻的气息从岬角下方不断涌上来。在深蓝色的海面上空有数不清的海鸟在盘旋翻飞，而更多的则如同小舰队般散布在水面上。

从悬崖边仔细向下望去，会发现有成千上万的鸟似乎像是被粘贴在峭壁之上。最为显眼的是由崖海鸦一个挨一个地组成的长长黑线。它们混在一起乍看像是全黑，但在阳光下仔细观察这些高约 1 英尺、形似企鹅的鸟时会发现它的头部和背部是牛奶巧克力般的褐色，胸腹部则是白色。崖海鸦浓密且有着天鹅绒质感的头部羽毛加上深色的眼睛，使它看起来显得格外温和。大多数情况下它们也的确举止文雅，可一旦激动起来也能用那长而尖的喙让人吃不少苦头。崖海鸦所在位置的上下站着洁白的三趾鸥，正从外层几乎被排泄物包裹、中央塞满草叶的巢里发出刺耳的尖叫。刀嘴海雀的数量较少且通常隐身于岩缝之中，它们因为烟灰色的背部而被当地人称作"补锅匠"。喙和脚鲜红色的北极海鹦数量更少，跟刀嘴海雀相似，它也在石灰岩之间的缝隙里筑巢。悬崖上响起的声音颇为混杂，三趾鸥女高音般的尖叫，盖过了崖海鸦男高音般的浑厚合唱，时不时还穿插着北极海鹦惬意的高音哼唱。至于气味，尽管我喜欢那味道及与之相关的体验，但这是逐渐养成的嗜好。

1935 年 6 月在这里一处叫作斯泰普尔纽克（Staple Newk）[i] 视野开阔的地点，一个人把自己绑在一条 150 英尺长的绳索上悬于半空，情景颇有些惊心动魄。他借助绳索从笔直的峭壁上摇摇晃晃地腾起又落下，一静一动像一只在崖壁上爬行的螃蟹。一个富有的律师——乔治·勒普顿（George Lupton）——站在崖顶一处安全的突出部，正用双筒望远

---

i　读作"Stapple Nuck"，意为一个订书钉或支柱和一个角落。——译注

镜观察悬崖上的情况。他50来岁,留着小胡子,眼窝深陷,鼻梁高耸,比一般人要高一些。衣领和领带,身上的花呢外套和举止,都透露着他的家境优渥。勒普顿看着崖海鸦被绳索上的男人驱赶惊叫着飞离巢,将它们宝贵的梨形卵抛在身后。混乱中有些卵滚落到下方的岩石上摔个粉碎,而剩下大多数卵则是尖的一头朝向着大海。那个男人把崖海鸦卵一个个捡起,放入装有战利品且已经鼓鼓囊囊的帆布背包里。一处的卵被清空之后,他用脚把自己蹬离崖壁随即又荡移到不远的地方,继续这看起来有些笨拙的掠夺。勒普顿则是静静地看着这一切,他对攀岩采蛋者的人身安全似乎并不在意,倒是对帆布包里装的东西激动得有些不能自持。崖顶上还有另外三人依次朝前坐着,背上缠绕着绳索,一旦收到信号,便会像划桨一般拉动绳索以将崖壁上的人拉上来。

约克郡的口音会将这些攀岩采蛋者"climbers"读作"climmers",而把攀爬"climb"的过去式读作"clumb"[i]。

乔治·勒普顿从兰开夏郡的家中坐火车来到这里,已经待了一个多月了,他跟其他鸟卵收藏家一样也住在布里德灵顿。[1]

在这个美丽的早晨,崖顶上挤满了人,一派节日气氛。游客们三五成群不无敬畏地看着攀岩采蛋者们从崖顶下降、悬吊着工作,以及最后带着战利品从崖壁上被拉回来。

采蛋者将背包里的鸟卵取出来放到柳条编织的大桶里。这些厚壳鸟卵之间撞击发出的沉闷声响对勒普顿来说如同音乐般动听。此时采蛋者亨利·钱德勒(Henry Chandler)仍戴着用作防护的警式头盔,想到包里有一枚勒普顿趋之若鹜且定会花大价钱买下的崖海鸦卵,他

---

i 攀爬、攀登 climb 的过去式应为 climbed。——译注

露出了满意的微笑。那是一枚具有独特色彩被称作"马特兰德鸟卵"（Metland egg）的崖海鸦卵，以附近拥有那段崖壁的农场命名，其周身褐色，上有一道深红褐色区域。自 1911 年以来，连续超过 20 年每年都在这段崖壁上同一处几平方英寸的区域收集到这样的卵。[2]

乔治·勒普顿非常着迷于崖海鸦卵。"马特兰德鸟卵"尽管特殊，但只是其中之一。几十年来，甚至几个世纪来，当地采蛋者都知道崖海鸦雌鸟会年复一年地在同一位置产下一枚颜色相同的卵。实际上这些人还知道，如果把雌鸟当季产下的第一枚卵取走，两周之后它会在同一个巢内再产一枚几乎一模一样的卵。第二枚卵被拿掉后，它们还会产下第三枚卵，极个别情况甚至有第四枚。勒普顿的贪欲意味着马特兰德农场附近的这只雌鸟在 20 年间从未成功孵化一枚卵或抚育一只雏鸟。由于采蛋者工业化水平地收集鸟卵，使得这些崖壁上生活的数千只崖海鸦和刀嘴海雀也没能幸免。

早在 16 世纪末，人们便已开始在本普顿悬崖上收集海鸟卵。农场主认为从他们的农田延伸出去所对应的悬崖也是自己的土地，而实际上就是段海面以上风化的垂直岩壁。通常由来自同一家庭不同代际的三到四个男人组成采集团队，其中一人充当攀岩采蛋者，其余人则留在崖顶操控绳索。就这样年复一年地收集鸟卵。[3]

最初收集崖海鸦卵是为了食用。它们的重量相当于两枚鸡蛋，而且很适于煎炒。直接煮熟的话，至少对我而言不是那么有吸引力，因为煮熟后蛋白仍带有些许蓝色，跟鸡蛋的相比略呈胶冻状。然而这两点并没有妨碍难以计数的崖海鸦卵被吃掉，不仅本普顿悬崖如此，整个北半球海滨有它们繁殖的地方都是这样。有些地方，比如北美地区，崖海鸦是在地势较低的海岛上繁殖，更容易遭到过度利用而导致区域性的灭绝。要做到这点实在太容易了，崖海鸦繁殖时的密度很大，发现一处集群营巢地就像是中了大奖。最终，只有那些在最为偏远和难以接近的地方繁殖的鸟才有机会抚育下一代。位于纽芬兰东北海岸 40 英里以外的芬克岛（Funk Island）ⁱ 就是这样极其偏远的繁殖地之一，而该岛的名称也正好反映了这里聚集的上万只鸟所散发出来的刺鼻气味。早在新大陆被发现之前，美洲土著巴热克人（Beothuk）就勇敢地划着他们的独木舟渡过暗藏风险的大海，来到芬克岛上捕获崖海鸦、大海雀及它们的卵。巴热克人的这些举动可能因频率不高而并未造成实质性伤害，但当 16 世纪的欧洲海员们发现芬克岛以及圣劳伦斯河北岸的其他海鸟集群营巢地之后，这些鸟便开始遭受灭顶之灾。[4]

与其他地方的操作一样，为保证能够采集到新鲜的鸟卵，本普顿悬崖上的采蛋者总是在他们第一次造访鸟巢时就将里面的鸟卵全部带走。几天后再次劫掠时，又将新产下的鸟卵取走，如此重复直至繁殖季结束。想要准确估计每年从本普顿悬崖上取走的鸟卵数量是徒劳的，有人认为可能超过 10 万枚，有人则觉得仅几千枚而已。无论如何，这一数量都应是成千上万。19 世纪 20 至 30 年代，也就是勒普顿在当地进行收集的时期，可能有着最为准确的数量估计，当时每年收集鸟卵的总量约为 4.8 万枚。崖海鸦的数量在本普顿悬崖曾一度很多，但随着采集鸟卵的持续而不可避免地持续变少。1846 年和 1847 年，通往布里德灵顿和本普顿镇的铁路相继开通，使得来自伦敦和

---

i "Funk" 一词有臭味的含义。——译注

其他城市的人更容易抵达这里，新来者的猎杀更加速了海鸟数量的减少。猎人的射击不仅造成以崖海鸦和三趾鸥为主的数以百计海鸟的伤亡，而且每次枪响还会将正在孵卵的海鸟惊飞，导致许多鸟卵在混乱中跌落到悬崖下方的岩石上及海中。[5]

勒普顿是少数与本普顿悬崖采蛋者合伙的鸟卵收藏家之一。对于绑在绳索一头冒着生命危险的采蛋者而言，当他们看到眼里发光的收藏家并意识到这些人对于某些特殊鸟卵无尽的欲望时，都意识到有利可图的机会来了。就收藏家和采蛋者之间的交易而言，对鸟卵的所有权就是一切，收藏家之间通常还会互相竞争。采蛋者团伙之间由于对彼此的采集区域保有尊重，还算相处融洽，但单个采蛋者之间常面临激烈争斗。有人就曾因与他人争夺一枚备受追捧的鸟卵而拔枪相向。[6]

生于 1912 年的萨姆·罗布森（Sam Robson）是向勒普顿供货的一名采蛋者，他曾以有趣的约克郡口吻回忆道：

> 卵的价值主要取决于其花色。如果找到一枚不常见的卵，那就妥善收集起来，等待收藏家们的到来。那时，鸟卵就像钱币或是其他类似的收藏品，收藏家们想要集齐心仪的一套，就会根据需求交换或出售鸟卵。他们经常一起出现，村子里最多时会有四五名买家。这些人的职业就是收集和售卖鸟卵，很多也是其背后收藏家的中间商。所以，鸟卵的交易或多或少像是悬崖上举办的拍卖会，因为不知道买家会出价多少，有时还像是赌博。采蛋者的要价总是会很高，买家则尽可能用已持有的鸟卵来做交换。最后，我们通常会以能够得到的最高价格出售鸟卵，因为我们的

兴趣在于钱，而不是这些卵。[7]

　　若你查看欧洲和北美不同博物馆里的收藏记录，或是检视这些地方的鸟卵标本，就不难发现当年采蛋者和收藏者的交易规模曾有多大。每家博物馆中来自本普顿的鸟卵标本几乎都要多于其他产地，甚至多于各博物馆所在国的那些产地，这一点基本没有例外。我在谢菲尔德大学里曾策划过一个小型的教学博物馆，即便是这种小规模的博物馆里也有着两盒崖海鸦卵，这些标本最早可追溯至19世纪30年代，上面有着潦草而不甚清晰的铅笔字迹，写着本普顿、巴克顿、法利、斯卡伯勒和斯比顿，都是弗兰伯勒角一带当年鸟卵采集地的地名。

　　我出生并成长在约克郡，攻读博士期间，斯科默岛在冬季难以接近，因此那时我便到本普顿悬崖去观察那些不知为何冬季依然滞留于此的崖海鸦。我一般凌晨三点驱车离开利兹附近的父母家，赶在黎明时分到达，这时海上活动的崖海鸦刚好开始返回悬崖。在晨曦中，成群的崖海鸦会突然从天而降，吵闹个不停，使得现场听起来像是一场欢聚盛会。事实也正是如此，这尖厉而又不失热忱的喧闹背后恰是崖海鸦配偶和友邻之间的重聚。

　　我造访那些年的冬日总是异乎寻常地寒冷，从北海方向刮来的强劲冷风常迫使我蜷缩在悬崖顶上，尽可能地让自己暖和一点。我一手拿着笔记本，一边通过成像质量不佳的赫特尔—罗伊斯牌单筒望远镜努力观察，记录下崖海鸦们的活动，当时所见到的野生生物奇观时至今日仍让我激动不已。与喧闹的海鸟们形成鲜明对比的是，当时那里还没有保护区建筑和停车场，隆冬时节更不存在其他访客，只有我独自一人体验着周遭的事物。我对本普顿悬崖乃至整个弗兰伯勒角都产生了巨大的亲近感，在这里发生过的历史逐渐浸润进了我自己的想象之中，如同崖海鸦经年累月排泄的鸟粪已经在悬崖上留下印迹一般。正是通过当年采蛋者和收藏家里那些业余鸟类学家的努力，才使人们有了对崖海鸦生物学最为基础的认识，而这也是我尤为赞赏的一点。

在勒普顿的时代，在悬崖上攀爬是一个对当地游客非常具有吸引力的项目。人们在附近的度假村里能买到特色明信片，上面印有采蛋者身缚绳索吊在悬崖上，或是悬崖顶装满鸟卵篮子的图案，往往还写着诸如"满满一筐"或"好身手"的词句。有些游客会买下一枚崖海鸦的卵作为纪念品，还有些胆大的游客（大多通常为女性）甚至会亲身体验攀爬悬崖，亲手从悬崖上为自己采集一枚鸟卵。还有如勒普顿这样的狂热收藏家，他们如捕食者一般在悬崖顶上来回巡视，迫不及待地等着采蛋者带来一枚不同寻常的标本。勒普顿甚至允许他 11 岁的女儿帕特里夏如采蛋者那样到悬崖上去采集鸟卵。[8]

崖海鸦卵从很多方面来看都显得非比寻常，尤其在大小、颜色和图案三方面。多数早期的作者认为没有两枚崖海鸦卵是一样的，而且似乎正是这些变化多端的色彩搭配迷住了勒普顿。他不是唯一一个为之着迷的人，但与其他的收藏家或他们所自称的"鸟卵学家"不同，勒普顿几乎将自己的全部热情和财力都用于收集崖海鸦卵。来自诺丁汉的乔治·里克比（George Rickaby）也曾在本普顿收集鸟卵，他于 1934 年用"世界上最好的收藏"来形容勒普顿所拥有的 1000 多枚崖海鸦卵。[9]

20 世纪 30 年代，当勒普顿、里克比和其他收藏家活跃在本普顿悬崖顶上的时候，正是英国鸟卵收藏热的全盛时期。如今回首那段时光会觉得既惊讶又沮丧。收集鸟卵曾是每个乡间男孩童年生活中无伤大雅的一部分，无意间竟变成了成年人的嗜好，在今天则已是非法且难以令人接受的行为。具有讽刺意味的是，鸟卵收集也是过去与自然发生联系的方式之一。对勒普顿这样没法放下儿时喜好的人而言，收集鸟卵变成了让人痴迷的一种追求。他于1944年将自己收藏的崖海鸦卵尽数出售，而在1954年英国颁布《鸟类保护法案》之后，这种曾经的古怪癖好便成了非法行为。[10]

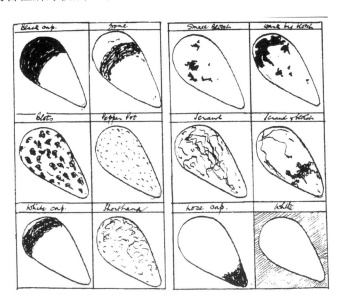

本普顿的采蛋者们依据崖海鸦卵壳上的图案对其进行的归类及命名。最上行从左至右依次为：黑头（black cap）、环带（zone）、小斑（small blotch）和大斑（dark big blotch）；中间行：斑点（blot）、细点（pepper pot）、乱线（scrawl）和线斑（scrawl and blotch）；最下行：白顶（white cap）、短纹（shorthand）、黑端（nose cap）和纯白（white）。引自乔治·里克比的日记（Whittaker, 1997）。

17世纪起，医师、学者和其他对自然世界抱有兴趣的人便已开始有意识地收集有趣的藏品，收藏鸟卵也始于这一时期。意大利伟大的博物学家乌利塞·阿尔德罗万迪（Ulisse Aldrovandi）便是其中之一，他在1617年创立了自己的博物馆。在他的许多藏品当中就包括一枚巨大的鸵鸟卵，还有一些大得不正常或是畸形的鸡蛋。他的藏品里还有一枚超大的鹅蛋（可能是枚双黄蛋）和一只曾是公鸡后来又转变为母鸡的个体产下的一枚鸡蛋。[11]

托马斯·布朗（Thomas Browne）是文艺复兴时期另一位收藏鸟卵的人物，他是一名住在英国诺维奇的杰出医师。爱好广泛的布朗对当时新兴的博物学也抱有兴趣，首次对诺福克郡鸟类进行了系统记录便是他的诸多成就之一。1671年10月18日，与当时的塞缪尔·佩皮斯（Samuel Pepys）齐名的作家、园艺家约翰·伊夫林（John Evelyn）在拜访布朗之后于自己的日记中写道：

> 第二天上午我拜访了托马斯·布朗爵士，我与他之前有过通信交流但从未见过面。布朗爵士的府邸和花园美若天堂，有着许多稀罕的绝佳收藏，各种奖章、书籍、植物及其他自然主题藏品最令我大开眼界。藏品中还包括了一些鸟卵，是他所尽力收集的各式鸡蛋和其他鸟类的卵，其中有采集自诺福克海岬的如鹤、鹳、雕及一些雁鸭类的卵，而这些种类很少甚至从不出现在内陆地区。[12]

弗朗西斯·威洛比（Francis Willughby）可能是对鸟卵感兴趣的

早期博物学家里最为重要的一位，他和约翰·雷（John Ray）一起于 1676 年出版了第一本有关鸟类的科学著作。这本书由雷写作完成，但书名全称却是《弗朗西斯·威洛比的鸟类学》（*The Ornithology of Francis Willughby*），雷以此来纪念弗朗西斯这位年仅 36 岁就英年早逝的朋友。这部被我直接简称为《鸟类学》的重要著作在 1676 年以拉丁语首次出版，1678 年推出了英语版。

威洛比与布朗相识，他们可能也有通信往来，但我们并不清楚布朗是否鼓励过威洛比收集鸟卵及其他的自然收藏。但威洛比的女儿卡桑德拉（Cassandra）在整理父亲遗物后于一封信中的记载，使得我们确切知道他曾有过一些有趣的自然藏品。卡桑德拉在信中写道："……我父亲保有一些贵重的奖章，此外还有些如干燥的鸟类、鱼类、昆虫、贝类、种子、矿石、植物标本和其他稀罕物的收藏……"[13]

当读到这封信时，我以为威洛比的生物类藏品同阿尔德罗万迪、布朗和其他许多人的情况一样，早已腐烂或遗失而不再存世了。你们可以想象当我在威洛比家族的财产中发现他的藏品柜及他的鸟卵收藏时，我是多么喜出望外。

这些藏品共占据储藏柜中的 12 格抽屉，其中大部分都是生物标本，当时为了给一位朋友拍摄藏品照片，我便随手拉开了最下面的抽屉。打开之后发现里面竟装着鸟卵标本，这让我目瞪口呆。如同上方抽屉中的植物标本一样，这些鸟卵散乱地放在大小不一的隔室里。许多标本已破损，而且所有的标本都覆盖着一层黏糊糊的灰垢，反映出这个家族的住所曾位于英国煤矿开采区的核心地带。有些卵壳上以棕色墨水写着物种名称：*Fringilla*（苍头燕雀）、*Corvus*（小嘴乌鸦或秃鼻乌鸦）、*Buteo*（欧亚鵟）、*Picus viridis*（绿啄木鸟）和 herne（苍鹭）。

这些幸存下来的鸟卵标本无疑是个奇迹，而那些标注了物种的标本则是一个更大的奇迹，使我能够甄别它们的真实性。许多如勒普顿这样20世纪的收藏家都没能标注他们的藏品，这给其他想要研究这些藏品的人造成了极大困难。威洛比的许多鸟卵标本上则有他亲笔写下的清晰的物种名称。

我邀请了自然博物馆（也叫作英国或伦敦自然历史博物馆）的鸟卵研究馆员道格拉斯·拉塞尔（Douglas Russell）一起去检视威洛比的鸟卵标本，以听取他的专业意见。和我一样，道格拉斯也为这批藏品感到兴奋。多数标本都极其易碎，即便那些较大型种类的鸟卵也因年代过于久远而变得脆弱。尽管卵壳外蒙有一层灰垢，但它们看起来已经近乎透明了。道格拉斯很快确认了这批标本的独特性及其历史价值。他告诉我这是世界上已知最为古老的鸟卵标本。此前，已知最古老的可能是曾属于意大利伟大的神父兼科学家拉扎罗·斯帕兰扎尼（Lazzaro Spallanzani）的一枚大海雀卵，据信可上溯至1760年。威洛比的这些鸟卵则还要早上一个世纪。

19世纪，私人储藏柜中的有趣藏品逐渐变为公共博物馆里的收藏，这一转变更助长了人们收集鸟卵的热情。以国家荣誉之名进行的收藏，使得鸟卵和鸟类标本（剥制鸟皮和骨骼）以此前难以想象的规模累积起来。从这一时期开始，主要由富有的业余学者进行的鸟类学研究，几乎就与博物馆和标本收藏画上了等号。

博物学领域其他类型标本的状况也大同小异，采集蝴蝶和收集鸟卵标本有着许多共同之处。这两大类标本的收集者都既为美学因素，也为要集全某一特定种类里已有的全部变异的理念所驱使："对美丽的热情和对珍稀生物的渴望"。如一些像勒普顿这样的收藏家，几乎只收集某一种蝴蝶的标本。还有些人如勒普顿一样，旨在用他们获取的已失去生命的藏品来创造视觉上的奇观，而丝毫没有考虑到获取科学数据的问题。数量庞大的蝴蝶标本至今仍有许多收藏在私人手中，在省级或国家级博物馆里也保存了不少，这正是对人们永不满足的追求的最好证明。奇怪的是，尽管蝴蝶收藏家也采集了大量的标本，但他们却没有像鸟卵收藏者一样被妖魔化。[14]

艾尔弗雷德·牛顿（Alfred Newton）是 19 世纪 50 年代成立英国鸟类学会（Birtish Ornithologists' Union，BOU）时的创始者，也是一位收藏家，他曾以典型的维多利亚式长篇大论的方式颂扬采集鸟卵的作用："即便在晚年，对这一男孩式追求的迷恋依然保持着它的全部魅力，毋庸置疑的是博物学研究实践中的其他任何领域都不能让参与者如此亲密地接触到研究对象的诸多秘密所在。"[15] 正如牛顿所指出的那样，男孩子们（从来都不是女孩）收集鸟卵是博物学研究的重要组成部分。20 世纪的著名博物学家和自然保护主义者，包括戴维·阿滕伯勒（David Attenborough）、比尔·奥迪（Bill Oddie）和马克·科克尔（Mark Cocker），都承认他们儿时曾收集过鸟卵，这体现了这一行为对于他们日后职业发展的重要性。[16]

一些认为鸟卵收集具有正当性的理由认为，鸟卵同剥制标本或骨骼标本一样，能够为推断鸟类之间的亲缘关系远近提供依据。的确，理解上帝的宏伟计划曾是鸟类学的主要目标，威洛比和雷的《鸟类学》正是这一实践的典范。无论动物学还是植物学，生物学的所有门类都关心这样的问题：不同物种之间有着怎样的关联？自然界中明显存在着某种规律：欧金翅雀与红额金翅雀之间的相似程度，要大于它们各自与小嘴鸦或小鹧鸪的相似之处。但通常不同物种间的关联又是难以捉摸的。在那个时代，外部和内部的形态特征是厘清鸟类亲缘关系的唯一线索：一方面是羽饰的颜色和图案，另一方面则是消化道、头骨或鸣管的结构。鸟卵的颜色、形状和结构也曾被认为能够为这一科学尝试做出贡献。

如果上帝不是竭力以神秘的方式行事，并为其追随者创造出有趣的智力挑战，那么这种规律可能已经很明晰了。当然，鸟类之间的亲缘关系并非上帝的安排，而是数百万年来演化的产物，但通常看来却是扑朔迷离。演化历程有时会表现得非常惊人，因为它可以在没有亲缘关系的物种里创造出相似的结构。新大陆的蜂鸟和旧大陆的太阳鸟都用细长的喙和舌来从花朵中取食花蜜，也都有着色彩斑斓的炫目羽饰。尽管蜂鸟和太阳鸟看起来很相似，但它们却并没有一个最近共同祖先（immediate common ancestor），而是分别独立演化。相似的环境产生了相似的选择压力，最终塑造出了相似的身体结构，这一过程被称作"趋同演化"（convergent evolution）。当上帝的智慧以自然神学的形式而被达尔文的自然选择学说所取代很久之后，趋同演化不仅继续作为自然选择的最佳例证，也给那些试图理解鸟类亲缘关系的人们持续带来困扰。直到 21 世纪初，能够检测遗传信息的分子生物学方法出现，才为理解物种亲缘关系提供了一种真正客观的研究手段，科学家们才终于感到对鸟类的演化历史和彼此之间的关联有了一个合乎情理的理解。[17]

剥开鸟蛋的秘密

博物馆里的标本，对于过去整整 400 年间冥思苦想要理解不同类群鸟类之间关系的鸟类学家们有着必不可少的作用。剥制标本和骨骼标本因至少能揭示某些规律所在，从而显得至关重要。从这一点来看，鸟卵标本几乎完全没用。牛顿在晚年意识到了这一点，他写道："我必须承认自己有一定程度的失望，因鸟卵学曾被预计能够助力于鸟类分类……但它已被证明跟其他模棱两可的特征一样具有误导性。"[18] 很快人们就发现以科学的名义继续收集鸟卵变得越来越难以自圆其说。

鸟卵在某种意义上是性感的。它们是两性繁殖环节中的一部分，也因此自带了一种情色的气氛。也许它们精妙的曲线触发了男性深层次的视觉和触觉感受。我在一本记载鸟卵收集的书中找到了关于鸟卵与女性之间相似之处的描写，书中插图有一系列充满诱惑力的球体和椭圆图案，似乎能够证实这一点。[19] 这可能也是法贝热彩蛋[i] 如此受追捧的原因之一：这种昂贵的结婚礼物，完美融合了婚姻的仪式感和生育力的终极象征。

在菲利普·曼森-巴尔（Philip Manson-Bahr）有关艾尔弗雷德·牛顿的回忆里已明显不仅是一些性暗示了，他写道："尽管是一名明确的厌女主义者，牛顿依然可以对异性彬彬有礼。但他坚定地维护自己的原则，认为他的博物馆及其馆藏不适合女性参观，而且他永远不会允许女性参观他的鸟卵收藏，哪怕只看一眼也不行……牛顿欣赏他的鸟卵收藏如同他在把玩一种别样的宝石。他崇拜着它们。"[20]

还有一点值得考虑的是，鸟卵的三维形态限制了人们对于其美

---

i 法贝热彩蛋是指俄国著名珠宝首饰工匠彼得·卡尔·法贝热所制作的艺术品，其外形类似鸡蛋，由黄金、白银、钻石及翡翠等制作而成。——译注

丽的传播。与艺术作品中大量出现的鸟类形象相比，有关鸟卵的画作极为罕见，这似乎意味着将其二维化并不符合人们的审美。相反，如出自芭芭拉·赫普沃思（Barbara Hepworth）和亨利·穆尔（Henry Moore）之手的蛋形雕塑却大受欢迎。[21]

2014 年初的一个寒冷冬日，为了检视勒普顿在本普顿收集的一千多枚鸟卵藏品，我造访了位于赫特福德郡特灵镇的自然博物馆鸟类学部。由于多数鸟卵收藏家都会记录他们的标本于何时何地所得，我一开始也天真地认为勒普顿也会这么做。事实却远非如此！看起来勒普顿主要依靠个人的记忆来告诉自己标本的来历。少数情况下鸟卵标本一旁附有语焉不详的记录纸条，至于这些记录究竟指的是什么就谁也说不准了。说直白些，勒普顿的藏品就是一团糟，在博物馆获得它们的时候便是如此。[22]

作为一名科学家，这种情况简直让我欲哭无泪：如此多的信息就这样漫不经心地丧失了！可能记录卡对于勒普顿这样专注美学而非科学的人来说实在无足轻重。他保存在特灵博物馆里的一些藏品的确非常漂亮。有些标本盒里摆放着几乎一模一样的两枚、三枚或四枚卵，明显是由同一只雌鸟在一个繁殖季或不同繁殖季先后产下。另一个盒子中装着 39 枚极其罕见纯白色而没有花纹的卵，根据勒普顿留下的一张字迹潦草的记录条，这些来自于本普顿悬崖的同一个岩架上三只不同的雌鸟！还有一个盒子盛有 20 枚色彩不同寻常的卵：白色的卵壳上覆盖着看起来像皮特曼速记字体式（Pitman shorthand）的红色花纹。这些来自英国各地相距甚远海岸的相似鸟卵，与之前人们认为没有哪两枚崖海鸦卵会看起来一样的想法明显不符。

检视勒普顿的藏品会让人产生既沮丧又惊叹的复杂情绪。一方面由于没有记录卡，这些看起来非常美丽的鸟卵几乎没有科学上的价值。另一方面，我又惊讶于崖海鸦卵本身的多态性，以及勒普顿对鸟卵收藏的痴迷程度和对自己藏品富有艺术创造力的安排。当我向鸟卵研究馆员道格拉斯抱怨因缺乏数据而感到沮丧时，他回应道这取决于你是悲观或乐观看待此事。若没有勒普顿的藏品，那就连思考或是写作的出发点都不存在。事实上因为能感受到勒普顿醉心于自己藏品的美学价值，我其实是很乐观的。我甚至庆幸之前没人去费心研究过这些崖海鸦卵，从而没有破坏勒普顿那些精心设计的美丽排列。

如果以后有人发现了勒普顿的记录卡片，那么日后我们将有可能，只是有可能，把记录与鸟卵对应起来，从而研究卵大小在年际之间的变化；分析同一只雌鸟一个繁殖季中产下的不同卵在颜色和形状上的相似性；或者研究雌鸟一生中所产的鸟卵之形态，比如"马特兰德鸟卵"。[23] 我们可以有许多种温柔的方式"拷问"勒普顿的藏品。这些可能依然存在。

但我怀疑根本就没有记录卡和记录册可以用来辅助破解这些鸟卵所蕴藏的奥秘。我从勒普顿藏品中观察到的一切只有美学而非科学。盛放鸟卵的标本盒里发现的浅绿色小纸片可能是最有料的记录了，这些残缺不全的小纸片上有几乎无法辨认的铅笔字迹，许多都签有勒普顿名字的首字母缩写。这些纸片上的记录，如"X4"或"X3"，既简短又隐晦。设想一下，如果一个人另有记录卡或记录册，他还会在抽屉里放上签有自己名字的纸片吗？

勒普顿用来盛放鸟卵的标本盒上覆有玻璃，大小为 60 × 60 厘米的正方形，现放置于自然博物馆储藏柜里的白色塑料托盘上。在道格拉斯的建议下，我们把全部37盒尽数取出，在桌子、长凳和地板上将它们依次摆放。直到此时，完整的视觉效果才得以呈现。勒普顿想必花费了数月的时间来排布他的藏品，尝试了不同的布局，并据此来收集新的鸟卵以使整个收藏得以完整。他的每个标本盒就像是孔雀开屏所用的尾上覆羽，每一枚卵好比覆羽上的一个眼斑，整个展示大胆而又引人入胜，脱离整体去看单独一枚卵就将难以理解。

勒普顿的藏品依照你所能想到的如颜色、大小、形状和纹理这样的鸟卵学标准进行了组织排列。但这些并不能完整贴切地来形容他的展示，因为颜色包括了底色、纹路的色调和类型，以及斑纹在卵壳上的分布。勒普顿最为精妙的展示之一是12组水平放置的鸟卵，每组有4枚。这些卵的底色为浅蓝、浅绿、黄褐和白色，其上有如胡椒粉或盐粒大小的细密点斑。每一组还刻意排布为相邻组的镜像。这就是艺术了。

另一个抽屉里的藏品更为不同寻常：成对展示了崖海鸦和刀嘴海雀的卵。两者的形状差别明显，刀嘴海雀卵的尖端远不如崖海鸦的凸出，但是配对的两枚卵在颜色和图案上惊人地相似。这个系列非常引人注目。虽然刀嘴海雀常见于崖海鸦的繁殖群体中，但它们总是独处且在岩石缝隙中筑巢，所产的卵无论颜色还是图案变异程度都远不及崖海鸦。如果有人问起刀嘴海雀卵和崖海鸦卵的差别，我估计自己能够直接依据颜色和图案正确区分出90%以上。但是勒普顿找到了比例很小但彼此非常相似的卵，这不由得使我好奇这两种海鸟调控卵色的基因有着多少共同之处。

我尝试着想象了一下勒普顿如何年复一年地建立起他藏品的排布格局。他在本普顿悬崖上来回巡视，检查采蛋者的收获，并且清楚地知道自己的目标。之后，他一定在冬季花费了很长时间检查自己到底已经有了什么样的收藏，还需要怎样的藏品。我也能想象得到当他获得了那些特定类型的卵而使自己的收藏更趋完美时，他的心情都会激动不已。

勒普顿已成历史，收集鸟卵在很大程度上也成了历史。尽管其科学价值可能有限，但如勒普顿这样的收藏依然值得珍视。在写作本书的过程中，我接触到的一些博物馆馆长告诉我他们过去曾怎样销毁数以百计的崖海鸦卵，只因这些藏品没有相应的记录而被认为"没有科学价值"。这些故事让我深感尴尬。很多时候，曾经被认为没有科学价值的一些东西，其实后来都被证明是有用的，所要做的只是换个视角或者借助不同的技术。现在可以通过一点儿卵壳的碎片就能提取出DNA，从而识别出产卵雌鸟的基因型，这远超乎最初收集者可能的想象。[24] 随着分子生物学技术的不断发展，从勒普顿收藏的鸟卵中蕴含的遗传信息，也有可能重建他最初遗失的那些数据。谁知道呢？

类似勒普顿这样收藏的藏品同样具有文化层面的价值。我强烈地意识到，作为一名科学家太容易只通过一个视角来看待世界，而这个视角还常被我们认为是更胜一筹。勒普顿收藏的崖海鸦卵富有美感的排布是独一无二的，它们自身就配得上一个特展。不难想象，如果将它们从自然博物馆特灵分馆的储藏柜里取出进行公开展示的话，将会启发艺术家和其他公众以不同的眼光来看待周遭的自然世界。

人们不仅将看到这些藏品在美学上的完美性，还可能会问及鸟卵在生物学上的完美性：它们是如何形成的？看上去似乎有无尽变化的卵色具有怎样的意义？为何在形状和大小上差异巨大？为什么表面上看起来形制如此统一（具有卵黄和蛋白），实质上却又存在很大变异？雌性的一个细胞怎样在一个或多个雄性精子作用下孕育出生命？一个新的生命又是如何在短短几周内突破既坚固又脆弱的卵壳来到世上的？

　　而卵壳正是我们探索的出发点，接下来我们将由外而内进入鸟卵的世界。

第二章　卵壳的形成

"生物学家可以从鸟卵上获得许多与相应鸟种有关的信息。"

——珀塞尔、霍尔和科尔德索,《鸟卵和鸟巢》

(R. Purcell, L. S. Hall and R. Coardso, *Egg & Nest*, 2008)

博物馆里那些装满没有生命的卵壳的抽屉与鸟类体内形成卵的输卵管,给人的心理感受是完全不一样的,而且在许多情况下,这两者还存在着巨大的地理差异。很少有人能够在看到博物馆的鸟卵藏品时,便联想到它们在鸟类体内以及在巢中的样子和状态。之所以会有这种脱节,其中一个原因便是,今天的我们很少有人能够有机会见到或者触摸到鲜活的鸟卵。

硬质的卵壳保护了发育中的胚胎免受外界影响,但同时也为胚胎和外面的世界建立了联系。这一结构既能将外源性的微生物隔离在外,又能让空气通过供胚胎呼吸;同时硬度也恰到好处,既能够承受孵卵亲鸟的体重,又能够让雏鸟啄破并破壳而出。这一性能如此精妙的结构到底是如何形成的呢？我们可以把鸟卵看成"一个独立的生命保障系统"，包括了一个外在的胎盘和"早产儿保育箱"，而这一精密的设计源自于演化。[1]

我们有关卵壳形成的知识大多来自19世纪一位名叫威廉·冯·纳图修斯（Wilhelm von Nathusius）的德国人，他是个技术上的天才，但对生物学知之甚少。纳图修斯于1821年出生在一个贵族世家，他曾到法国学习化学以便继承家族的瓷器产业。不过他对于农业抱有兴趣，在得到家族位于易北河畔马格德堡的一个庄园之后，便将退休前的时光都用来发展新的农业技术。他发表了大量有关农业的文献，并因这方面的成就于1861年被普鲁士王册封爵位。纳图修斯对卵壳感兴趣，但他对生物学却持有当时的主流观点，属于看不上达尔文的德国生物学家之一，也拒绝接受当时由马蒂亚斯·施莱登（Matthias Schleiden）和特奥多尔·施万（Theodor Schwann）刚做出的关于细胞是一切生命形式基础的重大发现。

纳图修斯老套而又过时的观点并未阻碍他实施了迄今最为详尽的鸟类卵壳比较学研究。尽管住所远离高等学府和研究院校，而且多数时间可能都是独立工作，他却有自己的实验室，并对发展新的显微观察方法有着异乎寻常的创意。无论是字面意思还是象征意义，卵壳都意味着坚硬，而借助多种腐蚀性的化学药品和染料，心灵手巧的纳图修斯设法探究和记录了不少于60种鸟类卵壳的结构。他的研究均基于自己的收藏，涉及了鸵鸟、几维鸟、戴胜、蚁䴕、鹤类和崖海鸦等许多种类。但由于纳图修斯笃信科学不过是描述性的工作，因此他所秉承的生物学观点相当偏颇。也正因如此，他拒绝接受达尔文、施莱登和施万提出的尚未经证实的推测，认为他们的观点并非基于事实。[2]

到了 20 世纪 60 年代，另一位卵壳研究者、来自英国雷丁大学的生物学家西里尔·泰勒（Cyril Tyler）将纳图修斯的 30 篇论文翻译成了英文，并对他的工作进行了总结。泰勒既惊讶于纳图修斯的发现，又为他冗长乏味的写作风格而感到沮丧。同时，对于纳图修斯抱怨自己的研究工作难于发表泰勒也做出了评价。当时的德国鸟类学会主席是认同达尔文观点的弗里德里希·库特尔（Friedrich Kutter），因此，纳图修斯的生物学观点难以发表也就不奇怪了。在我看来，就像一个外科医生可以在技术上非常精湛却对他所医治的身体是如何演化而来毫不知情一样，纳图修斯是一个对某一领域的研究做出了突破性贡献、但缺乏生物学基本概念的这类学者的有趣例证。[3]

让我们循着鸟卵在输卵管中的路径继续往下，来到子宫。此刻尚未形成卵壳，距离卵从卵巢中释放并且受精已经过去了大约 6 个小时。

当卵进入子宫（又称卵壳腺）时，它仅由一层软膜所包裹，触碰的话能感觉到形变。将一枚鸡蛋在果酱罐里用白醋浸泡过夜，就可以非常容易地再现鸟卵在这个阶段的形态。

我把从石缝中捡到的一枚遭遗弃的暗绿色崖海鸦卵泡在白醋中，卵壳表面立刻出现了数以千计二氧化碳组成的小气泡，这是由醋酸与卵壳中的碳酸钙发生反应所形成的。气泡逐渐变大并且脱离卵壳，最终浮到白醋的表面。这就像是观看"我可舒适"（Alka-Seltzer）胃药泡腾片溶解过程的慢动作。48 小时之后，卵壳完全消失了，而当我将卵从白醋中取出时，卵膜柔软而皱巴巴的质地让人有些轻微的不适感。与平时熟知的卵截然相反，现在我手中这枚无壳卵湿乎乎且软塌塌的，但即便如此它依然呈现绿色，其上还带着一些原有的暗色纹路。将这枚卵放在水盆里洗去所剩无几的残渣时，我惊讶地发现在那层革质膜的包裹下，它依然保持着原先的形状，同带有卵壳时一样。

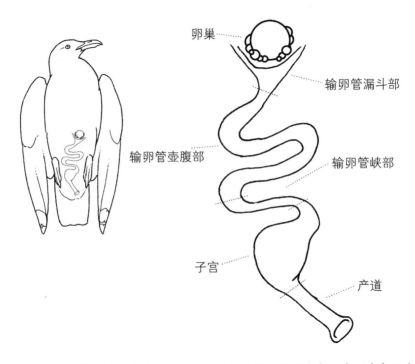

鸟类的卵巢和输卵管示意图。鸟卵形成时经过的不同部位在图中都做出了标注。在活鸟体内，输卵管并没有如此舒展，而是较为紧致地卷曲在一起。

　　白醋从外部销蚀卵壳中的碳酸钙，跟卵壳形成的过程正好相反。至于白醋是否可以直接通过卵壳上的气孔进入鸟卵内部，我们不得而知，有关气孔的问题后面还会详述。

卵黄被一层薄的黏稠蛋白所包裹，卵壳膜形成的卵状"口袋"将其包括在内并为其提供支撑，这便是鸟卵到达子宫时的状态。

壳膜实际上有两层，由子宫前方的输卵管峡部分泌而成，主要成分为蛋白质，其中包括一些胶原蛋白，当你剥开一枚煮好的鸡蛋，有时能在蛋壳内侧看到撕开的卵膜痕迹。它看上去和摸起来都像是非常薄的羊皮纸，但在显微镜下观察则会发现它是一层网状的纤维。这些喷彩摩丝般的纤维由输卵管峡部数以千计的微小腺体分泌，组成了显微镜下看起来像是椰棕垫的结构。这层松散的编织结构使得壳膜可随蛋白吸水膨胀后而伸展。整个壳膜的厚度均一，大多数鸟卵的壳膜都非常薄，但较大的卵壳膜相对较厚。例如：斑胸草雀卵的壳膜厚约 5 微米，鸡蛋的为 6 微米，崖海鸦卵壳膜厚达 100 微米，鸵鸟的则为 200 微米。作为参考，一张常见的 80 克打印纸厚度约 90 微米。[4]

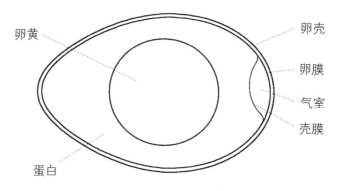

鸟卵内外的主要结构

为了更好地了解发生了什么，我们不妨重现一下卵壳的形成过程。就从卵刚抵达子宫入口时开始，此刻的卵就如同泡过了白醋一样，像一个部分装有水的气球。你可以在脑海中想象用双手环握着这枚卵，而手上的皮肤则有许多各式各样能喷出细小气溶胶喷剂的腺体。最初喷出的是白垩状碳酸钙浓缩溶液，它像一团团不稳定的泡沫橡胶一样涂在气球表面。这些泡沫团干燥后会形成块状的脆皮结构。可能数以百计的腺体会同时开工，几小时之内整个"气球"表面就覆盖了许多矮塔状的硬化脆皮。这些矮塔形似乳房，因而被称作乳状核心。此时在鸟的体内，卵已经从子宫的"红区"（因富含血管而得名）完全进入到了真正的子宫内，在这里另外一组腺体开始向硬化的脆皮结构之间喷水。这些水分会通过"气球"表面，即纤维质的卵膜，汇入蛋白。这一过程被称作"丰盈"，即蛋白变得富含水分，与此同时，卵膜也几乎完全膨胀起来。一组新的腺体随即开始活跃，向乳状核心的顶部喷出碳酸钙浓缩溶液。[5]该过程在整个卵表面持续发生，经过约 20 小时便生成了叠在一起的长柱状结构，由方解石（晶体化碳酸钙的一种形式）直立晶体组成，就像一摞摞护栏，因此也被称作栅栏层。当这些碳酸钙柱状物硬化之后，我们就得到了接近完成的卵壳。在卵壳的某些地方，柱状物结合得并不紧密，留下了微小的垂直间距。这些地方变成气孔，成为壳膜与外界之间的空气通路，使空气和水蒸气能够进出卵壳，让胚胎得以呼吸。卵壳上的气孔数量和大小在不同鸟种之间有着明显的差异，但我们完全不清楚这些区别是如何产生的。

尽管那个松弛的气球状卵进入输卵管已有约 20 个小时，卵的生成过程仍未完结。在接下来也是最后的两三个小时里，另一组腺体开

　　　　　　　　　　　　　　　　剥开鸟蛋的秘密

始分泌有颜色的液体。这些色素与最后一层碳酸钙混合，形成卵壳表面的底色。当底色完成后，又一组腺体开始在表面喷绘斑点和条纹。这些腺体产生色素并将其喷绘在卵壳上的过程比较复杂，稍后再详细介绍。卵壳形成的最后步骤是由一组腺体产生最外层，很像新车上打的蜡膜。不过卵壳的最外层并非蜡质，而是黏性蛋白，视不同种类而定，有时可能也会混以色素。这层蛋白包裹着整个卵壳表面，并几乎在卵产出的一瞬间就会变干。

出于某些原因，亚里士多德相信鸟卵刚产出时卵壳是柔软的，之后在与空气接触并降温的过程中变硬。我们在下一章会提到的威廉·哈维（William Harvey）对此曾解释道，柔软的卵壳能避免引起母鸟的不适，"就跟放在醋里变软了的蛋能很容易地通过狭窄的瓶口一样"，哈维接着评论道："在很长时间里我都认同亚里士多德的这一观点，直到被可靠的经验所颠覆。事实上，我已经确定子宫中的鸟卵几乎一直带有硬质的卵壳。"[6]

在产下每窝里第一枚卵之前的 24 小时内，雌鸟总是处于繁忙而又紧张的状态。产生一枚卵需要大量额外的营养，其中最难获取的部分是卵壳里的钙质。这多半是因为大多数鸟类在体内并没有大量额外的钙储备，得依赖临时寻找到的充足钙源。此问题对于蜂鸟、唐纳雀和燕类这样日常食物中本来就没有多少钙的种类而言尤为严重。我的一位研究家燕的同事曾计算过，由于它们日常取食的蚊蝇中钙含量太低，如果不能从其他途径获取钙，雌鸟则必须连续觅食长达 36 个小时才能收集到足以产生一枚卵的钙量，而这根本不可能发生。[7]

不同鸟种对钙的需求存在差异，显然那些卵壳相对较厚的，或是如蓝山雀这样一次产不低于 16 枚卵而窝卵数较大的种类需要更多的钙。实际上，蓝山雀为产卵所须准备的钙质要超过它骨骼中全部的钙含量。

那么，这些额外的碳酸钙从何而来呢？

当然，这些钙最终都来自于食物。胡兀鹫以骨头为主食，猛禽、鸮类和像崖海鸦这样的海鸟可以整个吞下动物性食物，它们的日常食物中本就含有大量的钙，自然也不会面临短缺问题。摄入的钙经肠道进入血液，会暂时存储在骨骼中，随后进入卵壳腺中的腺体，最后分泌形成卵壳。如果饮食中缺乏足够的钙，雌鸟也能从自身骨骼中获取钙质，但仅有很少的种类能这么做。红腹滨鹬就是其中之一，不过它骨骼中存储的钙只能够满足一半窝卵数（也就是 2 枚卵）的需求，剩下的钙仍需要在卵壳生成的那几天从食物中摄入。[8]

正在孕育卵壳的雌鸟要去寻找钙源，并且明显表现出对含钙食物的偏好。这一点既令人惊奇又不难理解。不难理解的是，如果它们不具有这样的偏好，将很难产生足够的卵壳。令人惊奇的是它们能辨别低钙和高钙食物，并仅在卵壳形成期间具备这种能力，且往往发生在夜间。若给以选择的话，会发现雌性家鸡明确知晓自身需求，对添加了富含钙质的碎蚝壳的食物显得尤为贪婪。[9]

雌鸟是如何知道它们要寻找钙源呢？对家鸡的研究表明，发现钙源的能力和先天本能以及后天学习有关。我们尚不清楚鸟类以何种感官来寻找钙。它们是能闻到钙或者看到钙吗？还是能尝出钙的味道？我们不得而知。圈养条件下繁殖的鸟类，如虎皮鹦鹉和金丝雀，通常会被饲以它们从未见过的墨鱼骨，可它们怎么会知道在产卵之前就该吃这个了呢?

在鸟类的诸多感官中,嗅觉和味觉在寻找钙源上似乎最能发挥作用。人类能够嗅出钙质的味道,但直到最近,有关我们能否尝出钙质的证据依然不明确。人们似乎不大情愿接受哺乳动物(如我们)和鸟类可能具有特定的钙质味觉受体的观点,因为这与通常认为我们仅有少数基础味觉受体(感知甜、酸、咸等)的观念不相符。[10]

在 20 世纪 30 年代进行的一项精巧实验中,H. 黑尔瓦尔德(H. Hellwald)给食物中缺乏钙质的家鸡饲喂纯通心粉,或是塞入了碎蛋壳的通心粉,这样家鸡便无法尝到蛋壳的味道。4 个小时后,这些家鸡被允许随意啄食粉碎的蛋壳,黑尔瓦尔德则在一旁记录它们取食了多大的量。相对于那些只吃纯通心粉的家鸡,之前取食了混有蛋壳的通心粉的家鸡在这个环节所取食的蛋壳明显较少,这一结果说明,由于某种未知的原因那些已经摄入了蛋壳的家鸡知道它们已获取了足够的钙质。但是显然,这个实验并未排除家鸡可以尝出钙质的可能性。同样,任何体验过胃管喂食器进食的人都知道,如果体验不到食物的味道,食欲其实很容易下降。鸟类以何种感官探知钙质这一问题仍有待揭示。最近,科学家在哺乳动物中发现了钙味觉受体的基因,鸟类也可能具有同样的基因。我们也知道在许多不同物种里,味蕾能通过协作来实现不同的功能,在鸟类口腔里也很可能会找到特定的钙质受体。[11]

我居住的地方位于峰区国家公园(Peak District National Park)附近,交嘴雀在这里并不常见。有时我能看到它们飞过头顶,或是站在针叶树顶上取食松果的种子。我在搜寻有关鸟类摄食钙质的资料时,发现有些资料中提到了交嘴雀。鸟类学家罗伯特·佩恩(Robert

Payne）曾在加利福尼亚惊讶地发现一只交嘴雀在地面取食，甚至还去啄郊狼的粪便。实际上，这只正处于筑巢阶段的雌鸟是在从郊狼粪便里啄食啮齿类骨骼残片。另一个例子中，佩恩观察到大约 50 只的一群交嘴雀啄食灰泥。这使我好奇是否由于交嘴雀日常取食的种子里缺乏钙质，才会迫使它们在形成卵的过程中寻求特殊的钙源。[12]

对于在极地苔原繁殖的一些小型滨鹬而言，啮齿类骨骼同样是它们主要的钙质来源。产卵期的雌鸟会从找到的棕旅鼠骨骼或是贼鸥吐出的食丸里获取棕旅鼠的骨头和牙齿。[13]

我早先提到的家燕可以从取食的含钙沙砾中获取钙质，但大多数小型鸟类在产卵期似乎依赖于从地面找到的蜗牛壳中获取钙质。在大山雀、戴菊、火冠戴菊以及北美的红顶啄木鸟等许多种类里都观察到了搜寻蜗牛的行为。由于卵壳多在夜间形成，寻找钙源的行为也主要发生在夜里。前往夜宿地的雌鸟们肌胃里塞满了蜗牛壳的碎片，一夜之后，这些钙质会被吸收再用于生成卵壳。实验发现，与只在上午饲喂碎蚝壳的母鸡相比，下午较晚时间获得碎蚝壳的母鸡产下软壳蛋的几率要小得多。[14]

如这个例子所示，养鸡户都知道缺钙会给繁殖带来严重影响。卵壳薄软只是其中一种，缺乏足够的钙质鸟类可能会产下仅由壳膜包裹的无壳卵，注定无法孵化。缺钙还会导致有些鸟类完全无法繁殖。粗心大意的饲养会引起家禽和某些笼养鸟缺钙，这点不难想象，但野生鸟类就能一直找到足够的钙吗？

答案显然是不能。1980 年，彼得·德伦特（Peter Drent）和扬·沃尔登多普（Jan Woldendorp）在荷兰观察到大山雀已经很难找到足够的钙质以产生正常的卵壳。荷兰人因几件事而引人关注（或臭名昭著），其中包括欧洲境内集约化程度最高的农业和高工业化水平共同导致了酸雨，酸雨反过来又引起了土壤退化、林地消失和蜗牛丰富度的急剧降低。[15]

人们于 19 世纪首次注意到酸雨的存在，如二氧化硫和一氧化氮这样主要由燃煤发电厂排出的污染物进入大气，溶解于云中的水滴后以雨或雪的形式落到地面，这便是酸雨。酸雨会引起水体的酸化，同样也会影响到土壤和植被。直到 20 世纪 70 年代，酸雨的恶果才得以全面显现：鱼类死亡，古建筑侵蚀加速，并通过淋溶作用从土壤中移除了碳酸钙，摧毁了蜗牛的种群。[16]

蜗牛的缺乏，尤其在那些贫瘠的沙质土壤地区，也少有其他可替代的钙源，导致荷兰的大山雀和其他一些小型鸟类产的卵有着“非常薄、有颗粒感、多孔、脆弱，而且没有色斑”的卵壳。在钙质贫乏的林地里雌性大山雀耗费大量时间寻找蜗牛，但却找不到足够的量，甚至一无所获，只能绝望地啄食沙砾。有的雌鸟完全无法产卵，有的产下薄的软壳卵，偶尔还会产下无壳卵。[17]唯一看起来没有受到影响的是那些领域跟受欢迎的野餐场所相重合的大山雀，因为它们能从不讲卫生的野餐者遗留下的鸡蛋壳中摄取足够的钙！有趣的是，跟大山雀在同一片林地里繁殖的斑姬鹟却能产下正常的卵。一开始人们猜想这是因为斑姬鹟是候鸟，它们自非洲迁徙过来之后很快就开始在体内形成鸟卵，但随后发现斑姬鹟会捕食马陆和鼠妇，这些动物的外骨骼里富含钙质。至于为何大山雀不会这么做，我们还不清楚。[18]

尽管人们比较晚才意识到酸雨的危害，但自工业革命以来它就在对鸟类卵壳产生负面影响，且仍在继续乃至恶化。里斯·格林（Rhys

Green）的一项近乎偶然的研究提供了精彩的论证。格林当时有一个由剑桥大学和皇家鸟类保护协会（Royal Society for the Protection of Birds，RSPB）共同资助的职位，试图寻找导致英国环颈鸫数量下降的可能原因。他想知道在正发生酸化的高地生境中繁殖的环颈鸫，是否也会跟荷兰大山雀一样出现卵壳厚度及繁殖成功率降低的情况。相反，他预期在酸化效应较小的低地繁殖的其他鸫类——如欧乌鸫、欧歌鸫和槲鸫——受到的影响应该不同。利用保存在博物馆中最早采集于1850年的卵壳标本，他得以追溯了卵壳厚度随着时间变化的过程。环颈鸫和其他三种鸫的卵壳厚度都表现出了持续减小的趋势。看起来似乎它们都受到了酸化效应，尤其是蜗牛数量减少的影响。[19]

约束工业和农业排放的相关法规调整降低了酸雨的强度，蜗牛种群逐渐恢复，山雀及鸫类的卵壳也在重新变厚，但仍不及从前的厚度。[20]

我们对环境的破坏导致鸟类出现与钙相关的问题并非只有酸雨。20世纪40至70年代出现了一个因杀虫剂引起的更为严重和隐匿的问题。1939年，一种被称作二氯二苯基三氯乙烷（DDT，dichloro-diphenyltrichloroethane）的有机氯化合物被发明出来，并在防止昆虫传播疾病上起到了很好的效果，甚至有说法认为它帮助盟军赢得了二战的胜利。因其高效的杀虫效果，至20世纪70年代，DDT已在全球范围内被使用。DDT对野生动物的负面影响几乎从最初就已明显存在，其中便包括致使鸟类死亡。但生产厂家被怀疑成功愚弄了或者可能串通了美国政府，从而在大范围的土地以非致死剂量施用。20世纪40至50年代美国当局为了让游泳者免受蚊虫叮咬，甚至在人员众多的海滩上直接喷洒DDT，而无忧无虑地在杀虫剂喷雾中嬉戏的儿童形象则被用作这种"服务"的广告。

DDT 以其代谢产物二氯二苯基三氯乙烯（DDE，dichlorodiphe-nyltrichloroethylene）的形式沿食物链向上累积，因此最终会在如猛禽、鸦类和鹭类这样的顶级捕食者体内达到很高的水平。它对这些鸟类的全面影响还不是非常清楚。20 世纪 60 年代起，有人发现一些猛禽会产下壳非常薄的卵，这些卵总会被孵卵的亲鸟压碎。对博物馆中保存的卵壳标本的测量清楚地显示了卵壳厚度变薄与 DDT 的使用在时间上精准吻合。而揭示这其中的生理机制则花费了更长的时间，DDE 阻碍了一种在卵壳形成中发挥重要作用的酶的正常功能。事实上，DDE 过早终止了向卵壳中分泌钙质的过程，从而形成了比正常情况薄的卵壳。与荷兰林地中发生的状况有所不同，20 世纪 60 年代发生的卵壳变薄并非缺钙所致，而是因为一种化合物阻止了鸟类正常使用钙质。对于像游隼这样的鸟而言，正如马克·科克尔（Mark Cocker）在《克拉克斯顿：来自一个小小星球的野外笔记》（Claxton: Field Notes from a Small Planet）书中写到的那样："生存与灭亡之间的差距……只是 0.5 毫米厚的钙的区别。"[21]

最终，英国和北美在 20 世纪 70 年代率先禁止了 DDT 和其他有毒杀虫剂的使用，2001 年这些化学药品在全球范围被禁用。猛禽的卵壳厚度也在迅速地回升，但这并不意味着可以高枕无忧了。2006年，保护生物学家欣喜地发现在加利福尼亚海滨大苏尔（Big Sur）地区有一对加州神鹫繁殖。但他们的兴奋仅持续了很短的时间，这对神鹫的卵一旦产下就会被压碎在巢中。它们的卵壳太薄了，分析发现其体内 DDE 的浓度很高。让人疑惑不解的是，DDT 已经被禁用了 40

年，怎么还会发生这样的事？答案令人沮丧，20世纪50至70年代蒙特罗斯化学公司（Montrose Chemical Company）将数百吨的DDT倾倒入洛杉矶的下水道，这些DDT从海底沉积物中逐渐进入鱼和海狮体内，并最终导致以死鱼和海狮尸体为食的神鹫受害。[22]

感谢蕾切尔·卡逊（Rachel Carson）和她1962年出版的《寂静的春天》（*Silent Spring*），将我们和野生动物从贪婪且不道德的杀虫剂生产商那里拯救了出来。卡逊输掉了自己与癌症的抗争，在1964年与世长辞，但她所开启的这一场不寻常的环境运动仍远未结束。[23]

2013年7月，我被告知有一则互联网新闻称崖海鸦的卵能够自洁（self-cleaning）。这是典型的用词不当，常年观察崖海鸦的我知道它们的卵一直很脏，不可能会自洁。有意思的是，当我查看那个网站时发现自己对此问题更加感兴趣了。新闻报道了在西班牙举办的一次会议上，一个名叫史蒂夫·波图加尔（Steve Portugal）宣读的一篇论文。这件事非常吸引人，一来科学家很少将自己的研究工作在经过同行评议和正式发表之前就公之于众，二来他的发现本身很有趣。

波图加尔偶然将水洒在了办公桌上摆放的一枚崖海鸦卵上，他注意到水以分散的水滴形式存在于卵壳上，而并未弄湿整个表面。这个现象就如同水珠落到荷叶及其他很多植物的叶子上一样。波图加尔明白这应是卵壳或植物叶片的表面结构造成的结果，在荷叶上这被称作自洁效应。这些球状水珠可以包裹住叶子表面的污物，当叶面发生倾斜时，水珠会带着污物一起滚落。

我从未想过崖海鸦卵壳表面的显微结构。读过这篇论文后，我便起身穿过走廊，从办公室来到我的实验室，将一枚崖海鸦卵放到解剖显微镜下开始观察。在高倍镜下卵的表面看起来就像是中国的桂林山水，有着许多突兀的"山峰"。接着我用一枚刀嘴海雀的卵替换下崖海鸦的卵，继续在显微镜下观察。对于这两种亲缘关系相近的鸟类来说，卵壳表面的差异可谓非常明显。现在我看到的好比英国南部丘陵那些起伏的小丘。这让人难以置信，我居然从没想过这样来观察卵壳。波图加尔的无心一洒，让他发现了崖海鸦卵表面的突兀"山峰"结构与荷叶有着许多突起的表面非常相似，它们都能驱使其上的水形成小球状。这样的表面被认为具有疏水性。

对此，波图加尔解释为崖海鸦需要一种机制来应对巢所在的石崖上飞溅的海水和环境中其他鸟类的污物。对于海鸟研究者而言，这些污物就是指排泄物。尽管崖海鸦明显是在很脏的环境里孵卵，但我不愿意认为它们的卵具有自洁功能。无论如何，崖海鸦与刀嘴海雀的卵壳表面差异还是让我怀疑前者所具有的突起是否真如波图加尔所说跟去污能力有关。刀嘴海雀单独筑巢，并且会小心翼翼地将它们的液态排泄物喷出巢外，因此它们的卵很少被粪便搞脏。崖海鸦则完全相反，就像粗心大意又失禁了的人。

解剖显微镜并非检视卵壳表面的最好手段。扫描电子显微镜可以在更高的放大倍数下生成迷人而清晰的三维影像，能够揭示更多真相。我将一些卵壳碎片交给了大学的扫描电镜室，几小时后就得到了一些美丽的影像，它们更为直白地显示出崖海鸦和刀嘴海雀卵壳的差异。

电脑屏幕上清晰的黑白图片让我联想到了大海雀的卵，这种已经灭绝的鸟类是崖海鸦和刀嘴海雀的巨型亲属。我们知道大海雀也会形成大规模的繁殖集群，但它们是像崖海鸦那样在粪便里挤在一起，还是如刀嘴海雀般间隔开来以利于保持卫生呢？也许它们卵壳表面的结构能告诉我们答案。

但如何才能着手去检查一枚大海雀的卵？这个物种已经灭绝，在全世界各家博物馆收藏里只保有数量很少的卵。谁会允许我去研究他们近乎无价之宝的大海雀卵标本呢？二十年前我曾为了另一个研究项目造访剑桥大学的动物博物馆，询问那里的研究馆员能否检视他们所收藏的八枚大海雀卵中的一个。他同意了我的请求，但当把标本展示给我时，却讲出了跟我祖父在一次谈及其他女性时曾表达过的同样的诫令：只许看不许碰。

我真正需要的是一块卵壳碎片，这样就可以用扫描电子显微镜观察。有两个带附图的名录记载了几乎所有已知的大海雀卵标本，从图中可以明显看出经年以来有一两枚卵已经破损。这表明在已破损的大海雀卵标本的展盒里也许会有卵壳碎片能被我用来研究。我给包括伦敦自然博物馆特灵分馆在内的好几家博物馆写信询问，但他们的回答都如出一辙：没有卵壳碎片。看来所有被认为不整洁的卵壳碎片都已经被扔掉了。这让我有些失望，只好寄希望于观察整枚卵的标本，但愿有博物馆能够允许我这样做。

这次我避开了剑桥大学，倒不是因为他们之前曾经拒绝过我，而是他们正准备迁往新址，所有的标本都已被打包待运。所以开始我向伦敦自然博物馆特灵分馆的道格拉斯·拉塞尔求助。他同意了，但有些具体的额外要求。几天后我跟研究助理杰米·汤普森（Jamie Thompson）租了辆车并一道驱车从谢菲尔德前往特灵，在车子的后

剥开鸟蛋的秘密

备厢里装着一台解剖显微镜、一台相机、一台电脑和其他一些设备。抵达之后，在博物馆里几乎看不到尽头的鸟卵储藏柜之间的一张长椅上，我们建立了一个临时的实验室。将实验室围挡起来以避免任何意外的触碰之后，道格拉斯拿给我们一个大海雀卵标本的巴黎石膏模型用以练习。这样的复制品并不少见，有些还被精心涂饰过，看起来与真标本一样。在接触真的大海雀卵之前，将我们的拍照过程事先在假卵上演练一遍实在是明智之举。

在确信已经足够熟练之后，道格拉斯才正式将六枚珍贵的大海雀卵标本交给我们，每一枚都放在独立的带有玻璃盖的收藏盒里。它们看起来真的是令人惊叹，个头较崖海鸦和刀嘴海雀的卵要大得多，形状却介于两者之间。每个收藏盒只稍大于卵本身，卵都置于其内的棉花上，还附有一张打印的标签简要说明了每枚卵的来历。由于这些宝贵的卵非常出名而又实在太过稀有，每枚卵的归属变化都被细心地记录了下来，这些记录的细致程度甚至让人有些难以置信。

我们浏览了一遍后，决定从四枚保存最完好的卵开始，剩下两枚稍有些破损的留在最后。

第一个收藏盒里装的卵被称作特里斯特拉姆标本（Tristram's egg），源自冰岛，它可能就采集自埃尔德岛（island of Eldey），那里也正是 1844 年 6 月最后一只大海雀被杀死的地方。几易其主之后，由鸟类学家卡农·亨利·贝克·特里斯特拉姆（Canon Henry Baker Tristram）于 1853 年买下，他通过与艾尔弗雷德·牛顿的交流，最早意识到自然选择可能是造成鸟类及其卵形态差异的原因。这本可以使特里斯特拉姆成为演化生物学的英雄，但在目睹了 1860 年托马斯·亨利·赫胥黎（Thomas Henry Huxley）于牛津博物馆那场今天以"宗教对阵演化"（religion-versus-evolution）而闻名的辩论中击溃了威尔伯福斯主教（Bishop Wilberforce）之后，他撤回了对于自然选择的信念。当时，赫胥黎扮演了达尔文的喉舌，威尔伯福斯主教则代表教会发声。对很多人来说，那场辩论是上帝和自然选择究竟谁能够解释自然世界的分水岭。1906年特里斯特拉姆去世后，他那包括大海雀卵在内的庞大收藏被克劳利先生（Mr Crowley）购得，并于1937年捐给了伦敦自然博物馆，一直保存至今。

我们小心翼翼地移开玻璃盖，将整个收藏盒置于解剖显微镜下。我屏住呼吸，任何一个错误的操作都会让我在鸟类学界名誉扫地。我把收藏盒放在物镜下方，将显微镜先调至最小的放大倍数，逐渐调整焦距，待视野里出现了卵壳后再增加放大倍数。看到的图像令人惊叹。大海雀卵壳的表面与崖海鸦的完全不一样。上面没有突兀的"山峰"，取而代之的是一个平坦的露台，其上有各式拼接的"铺路砖"，较刀嘴海雀的要粗糙许多。在那些"铺路砖"之间，我能隐约看到气孔的开口。怀着热切的好奇心和满足感，我们完成了拍照和相关记录。

接下来是以18世纪一位意大利神父兼科学家命名的斯帕兰扎尼标本（Spallanzani's egg），正如我之前所说，这曾经可能是全世界博物馆里最为古老的鸟卵标本。可以肯定的是斯帕兰扎尼于1760年获得此标本，但没人知道这枚鸟卵从何而来。它最终成为了罗斯柴尔德男爵（Lord Rothschild）的藏品（男爵在1901年以重金买下了这枚鸟卵），1937年男爵去世的时候在遗嘱中将自己的收藏赠予了自然博物馆。这也是最为美丽的大海雀卵标本之一，在其钝端有着美丽的苔藓绿色铅笔画似的线条。在显微镜下它的表面跟特里斯特拉姆标本相似。我感到宽慰，这已经开始显现出些一致性来了。

以其所有者利尔福男爵（Lord Lilford）命名的标本于1949年移交给了博物馆，它上面的纹路并不明显，不像前两枚那样吸引人。将收藏盒推到显微镜下，我调整好位置并完成对焦之后，完全不敢相信自己看到的景象。这枚卵十分光滑，表面仅有气孔开口形成的凹坑，让我想起鸵鸟的卵壳。真是沉重的一击。这意味着不同大海雀个体的卵壳表面存在着巨大的变异。但与此同时这似乎又不大可能，我从未见过这么大的变异，可又该如何解释表面结构如此不同呢？我深吸了口气，重新盯着显微镜的目镜，开始扫视卵的整个表面，它看起来就如同毫无特征的苔原。但在某一点上我注意到了些许痕迹，是一些互相平行的短曲线。这些浅的凿痕让我一下子就变得失望，我意识到这枚卵已经被打磨过而失去了那些"铺路砖"。从脑海中浮现的各种想法当中，我记起一些古籍上讲到鸟卵收藏家通常会用带腐蚀性的混合物去除藏品上的鸟粪、污垢和真菌。

就在我思索这些的时候，道格拉斯又出现了，并问我们进展如何。当我告诉他标本被打磨过时，从脸上的表情能够看出他也跟我们一样失望。他离开了片刻，回来时手里拿着一本关于鸟卵修整和清理的书。"是的，"他讲道，"过去的收藏家会使用腐蚀性的升汞（也被称作氯化汞），来清理鸟卵上的污物。"他随后解释说由于大海雀卵标本如此珍贵，每个收藏者都乐于展示他们的战利品，他们必须在保证藏品整洁的同时避免真菌滋生。令人惊讶的是，我们是第一批意识到自然博物馆的部分大海雀卵标本曾被如此处理过的人。[24] 后来我找到了表明标本被如此清理过的书面证据，赛明顿·格里夫（Symington Grieve）在 1885 年一本有关大海雀卵的专著中提到有一枚标本太脏了，但不清楚他具体指的是哪一枚。其后，这枚标本在 19 世纪 40 年代被弗里德里克·蒂内曼（Friedrich Thienemann）买下，当他发现是大海雀卵后便将其清理干净并纳入了收藏。[25]

如果是任何别的鸟卵，我不会担心它们曾被刮拭过，但这是大海雀啊！这似乎非常具有讽刺意味，为了颂扬大海雀卵的美丽，人们无意中丢弃了鸟卵中必不可少的一部分，尽管这一部分几乎是看不见的。

剩下的三枚标本中也有两枚被打磨光滑了，对于我们的研究毫无价值。唯一的安慰是去除了"铺路砖"后，其下的气孔暴露出来，让我们能够绘制它们的分布和估计其数量。可能没有其他方法能够让我们轻易获取这样的数据，这让我们稍感慰藉（参见下文）。[26]

和我们所检查的最后三枚标本之一有关的一则内容写道："这枚如今褪色而受损的卵，可追溯到为金匠、珠宝商和狂热的收藏家威廉·布洛克（William Bullock）所有。"[27] 透过玻璃盖可以再清楚不过地看到这是一枚破损的卵，约有三分之一的卵壳已经缺失。在我们开始用解剖显微镜观察卵壳表面之前，我就禁不住在想，这看起来有可能给扫描电子显微镜研究提供一块碎片，但我并不敢提出这样的请求。如果能有这样的机会，皆大欢喜。要是没有，我也尊重道格拉斯作为研究馆员的诚信。

我们驱车经由米尔顿凯恩斯沉闷乏味的道路系统返回谢菲尔德，

剥开鸟蛋的秘密

仍被遭腐蚀性物质清理过的大海雀卵形象所折磨，但也为能从三枚保存完好的标本上获取信息而感到满足，并对道格拉斯的热心帮助感激不已。

第二天，当我下载完拍摄的所有标本照片，开始考虑该如何分析它们的时候，电话铃声响起。是道格拉斯打来的，他激动地说道："好消息。"他告诉我在将大海雀卵的复制品放回储藏柜原位时，注意到抽屉里有一个小包。旁边附有一封来自考古学家简·西德尔（Jane Sidell）的信，落款日期为 2001 年 1 月 19 日，信件的内容是感谢前任馆长迈克尔·沃尔特斯（Michael Walters）为她提供了一片大海雀卵壳用于获取扫描电子显微镜影像。道格拉斯的第一反应是大吃一惊，他不敢相信上一任馆长竟然为了这个目的而牺牲了一枚大海雀卵的标本，尽管这对于科学研究来说非常重要。简在信中继续写道，她已经拍摄了扫描电镜图像但还没有发表。道格拉斯还正在电话里说着，我已经在谷歌里以简·西德尔的名字和大海雀进行了搜索。尽管我能搜到她，但也发现 13 年过去了她依然什么都没发表。道格拉斯称那个小包里的大海雀卵的卵壳碎片可以借给我拍扫描电镜图片，或者他可以问简能不能把她的图片发给我。我的下一个想法压制了自己的兴奋：碎片来自哪一枚卵？透过电话，我能听到道格拉斯在翻信纸寻找标本编号。会是哪一枚呢？"布洛克那个。"他答道。果然是表面被打磨过的布洛克标本。我心情一沉，但随后意识到肯定会是这枚卵，因为当我第一眼看到破损的布洛克标本时就想从上面取一块下来。谢天谢地我没有发出请求也满足了愿望。同样幸运的是尽管简手里有图片，却因工作压力而并未发表。如果她没意识到那枚卵被打磨过又当真发表了出来，我们就都有可能会被误导。

隐藏在卵壳里的胚胎必须要呼吸。但跟我们用肺吸入空气呼出二氧化碳和水蒸气不同，鸟类的胚胎在发育阶段的大部分时间里依赖被称作"扩散"的气体自然运动进行呼吸，这一方式更接近于没有肺的昆虫。事实上昆虫和鸟卵使用同样的"装置"来完成呼吸活动，即连接内外的微小气孔和气孔道。鸟卵表面有着数以百计乃至千计的气孔。气孔通过狭窄的气孔道将胚胎的供血系统与外面的世界相连。胚胎的一部分血管网络位于体外，散布在卵壳内侧，在收集氧气的同时也释放二氧化碳。这一结构有个尴尬的名字，被称作绒毛尿囊膜（chorio-allantois），与哺乳动物的胎盘功能相似。[28]

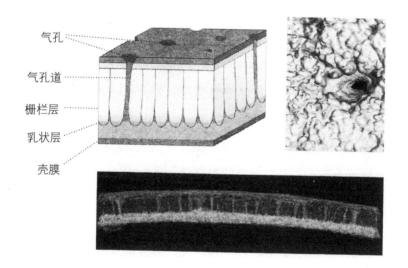

卵壳。左上图：一块卵壳的 3D 示意图。右上图：崖海鸦卵壳外表面气孔开口的俯视图。下图：一片崖海鸦卵壳的微电脑断层扫描图像，显示漏斗状气孔从外表面（上）直达内表面（下）。这片卵壳厚约 500 微米。

鸟卵上的气孔是由著名化学家汉弗莱·戴维爵士（Humphry Davy）的兄弟约翰·戴维（John Davy）于 1863 年发现的。约翰是一名医师，也是一位业余科学家，会帮他的兄弟做化学实验。尽管以"相当肤浅的好奇心"出名，约翰却是鸟卵研究的先驱。1863 年，他在不列颠科学促进会（British Association for Advancement of Science）于纽卡斯尔召开的秋季会议上报告了自己的一些发现。[29] 惊叹于不同鸟种卵壳厚度的巨大变异，他推断卵壳厚度跟鸟的体重相关，这点完全合乎逻辑。他随后指出：

> 无论鸟卵的壳有多厚，它总要能透气。我相信这主要是通过卵壳上的小孔完成……每次我将鸡蛋放入被空气泵抽过空气的水下 [即真空条件]……能观察到空气从特定的点涌出，证明了这些小孔的存在。[30]

每枚卵上的气孔数量在不同鸟种之间差异显著，并且不完全取决于卵的大小。鸸鹋卵约有 30,000 个气孔，鸡蛋则有 10,000 个，海雀的有 2,200 个，鹪鹩的只有约 300 个，而据我们的粗略估计大海雀有约 16,000 个。鸡蛋上的气孔密度在其中部和钝端相近，在尖端最低。[31] 由于气孔相对较直且垂直连通卵壳的内外表面，因此它的长度通常与卵壳厚度相近。在多数鸟种里，气孔就是简单的单管结构，但在鸵鸟中，由于它的卵壳很厚，气孔有时会出现两到三个分支。鹪鹩的卵重约 1 克，它的气孔道直径约 3 微米。而鸸鹋卵重约 800 克，气孔道直径约 13 微米。[32]

总体而言，气孔的数量和大小决定了氧气进入卵的多少和快慢。

在排出不需要的二氧化碳的同时，水蒸气也能通过气孔从发育中的胚胎上散失。胚胎生长过程中会因代谢食物而产生代谢水。我们人类也会生成代谢水，并在呼吸时以水蒸气的形式散失掉一部分。不同类型的食物产生代谢水的量有所不同，例如100克的脂肪会产生惊人的110克水，100克淀粉产生55克水，100克蛋白质则产生44克水。

如果代谢水的概念不容易理解的话，让我给你讲讲斑胸草雀——一种为人所熟知的笼养鸟，这种生活在澳大利亚的小鸟非常适应在干旱沙漠环境下的生存。圈养条件下只饲喂标准的干燥鸟食，斑胸草雀可以在没有饮水的情况下存活至少18个月。[33] 它们利用消化干燥种子时产生的代谢水得以存活。这样的生理机能使它们能在澳洲最为干旱的沙漠中生活。这也是斑胸草雀于19世纪早期就以笼养鸟出现在欧洲的部分原因，很可能是由于它们能够忍受前往英国长达半年的海上航程，这期间我猜想通常没有可供饮用的淡水。

胚胎在发育过程中会从富含脂肪的卵黄中吸收营养，并产生大量的代谢水。这些水分必须排出卵外，否则胚胎会被淹死，卵壳上的气孔让这些水分得以以水蒸气的形式顺利排出。因此，在孵卵过程中卵的重量会减轻。值得注意的是，尽管不同鸟种在卵的大小（重量从0.3克至9千克）、孵卵期长短（10至80天）和卵黄所占的相对比例（14%至87%）上存在巨大差异，从产卵到孵化这一过程中失去水分的量却总是约相当于初始卵重的15%。孵卵期水分的蒸发确保了孵出的雏鸟体内水分所占的相对比例与刚产下的卵中一致。换句话说，新产下卵中的水分含量经过自然选择能够保证刚孵出的雏鸟体内有适量的水分，对于雏鸟的各器官而言也同样如此。通过自然选择作用，卵壳上的气孔使胚胎发育中产生的代谢水在孵出前得以散失。蒸发失水的一个结果是在卵中形成了约占总体积15%的空间，形成了卵钝端的气室，为破壳而出前的雏鸟提供了必要的呼吸用的空气（第八章将会详述）。[34]

卵在产出前，内外层的壳膜之间便形成了气室。在离开雌鸟身体后，随着卵的温度降低及其内容物的收缩，空气由气孔进来并在卵钝端汇聚入一个透镜状的袋中。将鸡蛋放在明亮的光源下我们就能看到气室。当你剥开一个煮熟的鸡蛋，可以在钝端看到蛋白有被压过的痕迹，这是由气室受热膨胀压迫蛋白所形成的。17世纪末的威廉·哈维是首先思考气室作用的人，当时人们普遍认为气室在卵中位置表明了雏鸟性别，他摒弃了这一观点。卵中空气所占的空间随胚胎的发育而增加，因此我们可以依据卵在水中的浮沉状态来估计其"日龄"或胚胎发育的阶段。刚产出的卵由于没有气室，因此会下沉，而胚胎已在发育的卵则会浮起来。

由于气体在不同压力下的表现会有差异，因此可以预测不同海拔繁殖鸟类的卵在气孔大小和数量（统称有效气孔面积）上会有差别。具体而言，在高海拔地区气体的扩散会减弱。这一点已经通过比较不同海拔高度繁殖鸟类的卵加以验证：高海拔地区繁殖的鸟类的卵壳具有更少和更小的气孔。这可能是由于鸟类适应当地环境而形成，换句话说，繁殖于不同海拔的鸟类演化出了不同的有效气孔面积，就像在极地附近生活的动物，其耳朵和身体其他突出部分更小一样。但是，在不同海拔饲养的家鸡有相近的有效气孔面积，这一结果使得地区性适应看来不大可能。关键还是得去检验同一个体在不同海拔的表现，这次又是在家鸡上开展的工作。当类似的研究完成后，人们发现鸟类能够感知海拔变化，并且在生理上具有可塑性，能根据海拔差异产出气孔大小和数量不同的卵。这一现象可以说是鸟类展现出来的诸多适应能力中最卓越的之一，是由赫尔曼·拉恩（Hermann Rahn）和他的同事在20世纪70年代发现的，赫尔曼本人则是鸟卵和卵壳生物学研究领域最为重要的先驱之一。[35] 想想这背后可能包含的机制：鸟必须能够感知气压的变化，并把这种信号通过大脑传递到卵壳腺，生成气孔数量合适的卵壳。这简直令人难以置信！

气孔还使得临近孵化的胚胎至少能从听觉和嗅觉层面感知外面的世界。对家鸡所做的实验表明雏鸡一旦啄破气室，尽管尚未破壳而出，就已经能够察觉不同的气味（见第八章）。在这一阶段，暴露在不同气味下的雏鸡在孵化后会对带有相应气味的食物产生偏好。[36] 在我看来，这是对一个不太现实的实验做出的奇怪解释。你很难想象一只孵蛋亲鸟身上带有多少种食物的气味。更有可能的是雏鸡从亲鸟身上熟悉气味后，再与别的线索如叫声、跟照顾自己的亲鸟待在一起等，共同左右了对食物的偏好。尽管还未经验证，但我能想象这一切会发生在崖海鸦身上。

卵壳结构方面的讨论先告一段落，接下来让我们去了解一下鸟卵的形状及其形成原因。

剥开鸟蛋的秘密

第三章　鸟卵的形状

"每种鸟卵的形状通常都有它的意义。"

——奥斯卡·海因罗特,《鸟类的生活》

（O. Heinroth, *Aus dem Leden der Vögel*, 1938）

　　放眼望去，到处都是鸟卵：蓝的、绿的、红的和白的，但多数是淡黄褐色的。大多数鸟卵完好无缺，但也有一些已经破损，橙黄色的卵黄和已经部分发育、血糊糊的胚胎流到了岩石上。鸟卵或堆在角落里，或躺在充满鸟粪的小坑中，或卡在石缝间。数以百计，也许数以千计的被遗弃而冷掉了的崖海鸦卵从它们原来的位置四散滚落。

　　此刻，我正站在某个海鸟繁殖小岛上，这里位于加拿大拉布拉多省的外海的偏远地区，是一组被称作"鲣鸟集群"（Gannet Clusters）的小岛。20 世纪 80 年代，我曾花了三个夏天的时间在这里研究崖海鸦和其他海鸟。令人感到惊讶的是 1992 年的这一次造访，我发现几只北极狐已经来到岛上定居。它们杀死北极海鹦，还将崖海鸦和刀嘴海雀从集群营巢地惊飞，造成了严重的破坏。大陆上的当地人告诉我北极狐在冬季常见，但通常在春季海冰开始消退时就向北方移动了。今年有几只因被海冰甩到了身后而困在岛上度夏，显然它们获得了非常丰富的食物来源。

"鲣鸟集群"由六个小岛组成，其中五个小岛上分布着数以万计的海鸟，包括崖海鸦、厚嘴海鸦、北极海鹦、刀嘴海雀、白翅斑海鸽、三趾鸥、暴风鹱和鸥类。这些低矮的小岛几乎没有悬崖，崖海鸦结成密集的群体在海边的岩石上筑巢繁殖。我们在两座小岛上找到了北极狐，但奇怪的是，在崖海鸦卵遭大量破坏的这个岛上却没有发现。我猜想有只北极狐曾在这儿出现过，它可能是通过浮冰往来于相距几十米远的小岛之间。我只能想象在这只愉快觅食的狐狸面前，那些绝望而四处逃散的成鸟所经历的恐慌。我发现两三只孤独的崖海鸦飞了回来，找到了自己的卵，并在一片狼藉里开始继续孵卵。这近乎奇迹又有些可怜，由于没有邻居帮助抵御鸥类和渡鸦的捕食，它们能够成功养大一只雏鸟的可能性微乎其微。

这一如此之多崖海鸦卵遭遗弃的场景令人窒息，我很少能见到如此大规模的破坏。但这也让我对它们奇特的梨形卵产生了好奇。相较于其他大多数鸟类，崖海鸦卵更显另类而被称作梨形。[1] 但这一形容并不恰当，因为梨的形状和大小各异，却没有一个让我觉得像崖海鸦卵。它的一端尖而凸出，另一端则钝而圆，不管我们称其为梨形、锥形或是尖形，这种形状通常被认为是为了防止卵滚动而演化而来。[2] 在拉布拉多的所见，让我觉得可能没有更好的解释了。

鸟类学家把不同鸟卵特定的形状描述为卵圆形、球形、椭圆形、

剥开鸟蛋的秘密

纺锤形或梨形。这些形状之间的界限并不清晰，经常会有交叉。

当我开始写作本书时，曾好奇是否有人确认过最为常见的卵形是哪一种。很明显，当谈及某种卵形的东西时，我们通常会想到鸡蛋。它是卵圆形，但有着明显的尖端和钝端，并在靠近钝端的位置最粗。但出乎我的意料，似乎没有人量化过涵盖各科鸟类的鸟卵形状。当然，找到一个有关形状的简单参数并不容易。研究者们提出过一些复杂的方法来描述卵的形状，但没有一个数值能够涵盖所有的形状。因此，大多数书中都直接以一系列轮廓或剪影来标明不同形状的卵，这也正是我所采用的方式。

但有一点可以确定，就像特定的种类会具有相应的特征一样，特定的某科鸟类的卵也会具有一定的形状。比如鸦类的卵多呈球形，鸻鹬类的卵多为梨形，沙鸡类的卵多为卵圆形或椭圆形，鹦鹉类的卵则多为纺锤形。[3]

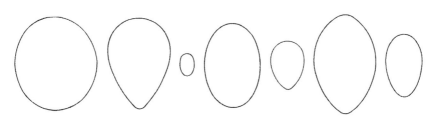

鸟卵的不同形状。从左至右依次是：短冠紫蕉鹃（球形）、流苏鹬（梨形）、蜂鸟（拉长的卵圆形或椭圆形）、花头沙鸡（拉长的卵圆形或椭圆形）、非洲鸩（卵圆形）、角鹦鹉（纺锤形或近椭圆形）、高山雨燕（椭圆形或长卵圆形）。

作为一个生物学家，我由此想到了两个问题：鸟卵不同的形状是如何产生的？以及，为什么它们会具有不同的形状？第一个问题跟鸟卵的形成机制有关，第二个则关注不同卵形的适应意义。

在鸟卵形状的形成这一问题上，我最初倾向于认为卵的形状在卵壳形成的时候才能决定。事实真相却非如此。我用白醋所做的实验就已显示，鸟卵的轮廓其实是由卵膜塑造的，即卵壳里那层羊皮纸似的结构，而非卵壳本身。当你意识到是这层膜在起作用，也就不难想象其形成过程了。

在20世纪40年代末进行的一项借助X光研究鸟卵形成的精巧实验里，约翰·布拉德菲尔德（John Bradfield）观察到鸡蛋在进入子宫之前就已成形，这要早于卵壳的形成。他发现鸡蛋的形状在子宫之前的输卵管峡部就已确定，这里正是卵膜形成的地方。他同时还注意到，输卵管峡部靠近子宫的部分较之靠近输卵管壶腹部的一端"更具有收缩性而更像是括约肌"。他认为："由于卵的进入扩张了狭窄的输卵管峡部，可以预见位于收缩性更强的峡部里的卵的尾部，会比卵的头部显得更加凸出。"但他又补充说自己的观点未经证实，依然"悬而未决"。[4]

跟崖海鸦卵形成对比的是，某些鸦类、鹬类和鹎类的卵几乎完全呈球形。这又是如何形成的呢？是因为这些鸟的输卵管峡部缺乏布拉德菲尔德在母鸡中观察到的括约肌？还是因为卵膜形成期间卵在不断翻转，使整个卵表面均匀受到括约肌的压力？对此，我们还不知道答案。

人类初生婴儿的体型受产道即骨盆内径大小的制约。现在的剖宫产手术当然不会受此限制，但在20世纪之前剖宫产尚未得到广泛使用的时候，体型或是头型过大的婴儿会引发难产，常会导致母子双亡。由于形成人类头盖骨的骨头在出生时尚未融合，所以还具有一定的柔韧性，因此，一些头部过大的婴儿也可以通过头骨形状的轻度变化顺利出生。

卵形的不同也可能是由于雌鸟生产特定体积的卵所致。就像人类婴儿头型受限一样，如果卵的直径受到输卵管或泄殖腔的伸展程度限制，形成一枚更长更细的卵便是保证较大体积的解决办法之一。

海燕的卵相对于自身而言很大，似乎是能为上述效应提供证据的最好研究对象。逝于 2010 年的约翰·沃勒姆（John Warham）是海燕生物学领域的伟大前辈，在他有关海燕百科全书似的著作里有可供我们比较所需的全部信息。然而，事实并非如此。那些卵相对很大的海燕种类，卵重可超过体重的 20%，但它们的卵却比那些卵较小的海燕更圆。[5]

在这里值得指出的是，尽管绝对体量依然很小，但总体而言是体型较小的鸟类产相对较大的卵。火冠戴菊重约 5 克，它的一枚卵重 0.8 克，相当于体重的 16%。更为极端的例子是暴风海燕，它是英国最小的海鸟，卵重 6.8 克，相当于雌鸟体重 28 克的 24%。另一方面，绝对体量最大的鸟卵，比如体重达 100 千克的鸵鸟或体型更大、重约 400 千克的象鸟，后者刚在上一个千年里灭绝，它们的卵重仅占成鸟体重的 2% 左右，与体型相比却成了最小的卵。上述四种卵的形状都非常相近，很像鸡蛋。

很明显无论大小还是形状，鸟卵都不像人类婴儿那样受限。婴儿的平均体重约为 3.4 千克，相当于母亲非孕期体重的 6%。如果妈妈们像暴风海燕那样产下相当于成鸟体重24%的后代，那婴儿的体重将达到不可思议的14千克！之所以这样，是因为鸟类的骨盆是半开放的，没有形成如哺乳动物那样的完整骨盆。

这并不意味着鸟卵的形状跟骨盆没有关联。20世纪60年代，迈克尔·普林（Michael Prynne）推测鸟卵的形状与对应种类的体形相似：潜鸟和鹲鹋的卵细长，站姿挺立的鸦类的卵则是球形。普林是个"鸟卵学家"，因在一个15分钟的电视节目中展现了修复破损卵壳标本的精湛技艺而出名。他了解的科学知识不多，可能没注意到早在20年前德国动物学家伯恩哈德·伦施（Bernhard Rensch）就已经提出了类似的观点。不过伦施认为卵形跟骨盆形状而非鸟的体形有关，鹲鹋类有着扁平的骨盆和细长的卵，猛禽和鸦类则有着呈直角的骨盆。其后，查尔斯·迪明（Charles Deeming）认为尽管骨盆形状可能没有决定或限制卵形，但有可能在产卵前利于保持较大或锥形的卵在子宫中的位置。[6]

卵的形状有什么样的适应意义呢？尽管鸟卵收藏的狂热已经持续几个世纪，但除一些梨形卵之外，我们对于鸟卵为什么会是各种形状依然知之甚少。就其他形状的鸟卵而言，多数鸟类学家和鸟卵学家认为这些形状并不具有演化上的意义。[7]

除了海鸦和我们稍后会提到的鸻鹬类之外，会产具有真正尖端的卵的鸟类还有帝企鹅和王企鹅。我们不但不清楚为什么这两种企鹅的卵会是梨形，而且据我所知，可能就没人去思考过这个问题。对此我们并不能把原因归咎于它们生活在难于抵达的南极，因为一个世纪前探险家和研究者已经知道这两种企鹅和它们的卵了。我怀疑1911年

剥开鸟蛋的秘密

在决定罗伯特·福尔肯·斯科特（Robert Falcon Scott）命运的"特拉诺瓦"号（Terra Nova）南极探险期间发生的事情遮蔽了企鹅生物学家们的思考。那一年，鸟类学家爱德华·威尔逊（Edward Wilson）在亨利·鲍尔斯（Henry 'Birdie' Bowers）和阿普斯利·切利-加勒德（Apsley Cherry-Garrard）的陪伴下，从斯科特位于埃文斯角（Cape Evans）的基地向 95 公里以外的克罗泽角（Cape Crozier）的帝企鹅繁殖地进发。威尔逊旨在获取发育中的帝企鹅卵，因为当时认为其胚胎将揭开鸟类从爬行类演化而来的秘密。帝企鹅在南极洲的隆冬时节繁殖，往返它们繁殖地的旅程极为严苛。在气温低至零下 60 摄氏度、暴风雪和没有阳光中，在丢失了一顶帐篷且食物也不充足的情况下，三人侥幸活了下来。加勒德后来在《世界上最糟糕的旅程》（*The Worst Journey in the World*）一书中描述了发生的一切。他们收集到的五枚卵里有三枚最终到了大英博物馆。可惜的是如此大费周章之后，却发现这些帝企鹅胚胎并没有蕴藏着科学秘密，也没有人想过他打开的帝企鹅卵壳为什么会有如此凸出的尖端。[8]

对于如滨鹬和杓鹬这样的鸻鹬类来说，对它们卵为何呈锥状的解释始现于 19 世纪 30 年代。威廉·休伊森（William Hewitson）描写过如其他鸻鹬类般也产四枚卵的矶鹬，他写道："我在描述这些矶鹬的时候提到过，它们的卵形和在巢里的排列令人赞叹，使其只需要最小面积的材料就能遮盖。而这一点非常有必要，与其他鸟类相比，矶鹬的卵和其他鸻鹬类的一样，相对于鸟的体型来说都显得较大。"[9]

所有窝卵数为四枚的鸻鹬类都会将卵的尖端朝向巢中心，使它们很好地挤在一起，保证孵卵时与亲鸟孵卵斑相接触的面积达到最大。

孵卵斑是亲鸟腹面特殊的皮肤裸露区域，孵卵时通过加强血液流动将热量传导给卵。

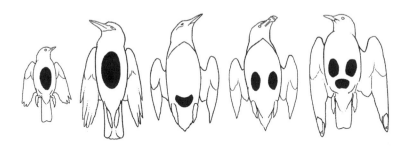

不同鸟类孵卵斑的位置和大小。从左至右：欧乌鸫，单个且面积较大；秃鼻乌鸦，单个；崖海鸦，单个且居中；刀嘴海雀，尽管只产一枚卵，但有两个位于侧面的孵卵斑，使亲鸟的左右两侧都可以进行孵卵；银鸥，三个孵卵斑对应三枚卵。

随后的实验为休伊森的观点提供了具有说服力的证据：与球形的卵相比，鸻鹬类的卵形能够保证更多的卵表面与亲鸟的孵卵斑接触，从而提高孵化的效率。锥形卵"在相同的孵卵斑面积下可以比球形卵大 8%"，换句话说鸻鹬类由此可产生比球形卵大 8% 的锥形卵。这一点很重要，因为大的卵可以有更大的卵黄，使鸻鹬类的雏鸟在孵化时发育得更好。[10]

有关崖海鸦卵形状影响其后代存活率的故事引人入胜。1633 年 5 月，威廉·哈维陪同英格兰国王查理一世从伦敦前往爱丁堡，查理一世要去接受加冕，成为苏格兰国王。哈维是皇家医师，以发现血液循环而闻名，当时他正尝试揭开受精的奥秘。鸟卵无疑包含着这一问题的线索。当年 6 月的一天，哈维离开国王从爱丁堡乘船出发，向东进

　　　　　　　　　　　　　　　　　　　　剥开鸟蛋的秘密

入福斯湾（Firth of Forth），去拜访以数量丰富的海鸟卵而闻名的小岛巴斯岩（Bass Rock）。

巴斯岩是一处火山塞，那里高出海面107米，景象令人印象深刻。哈维为之激动不已并写道："这崖壁就像是一座由白垩土堆成的山，闪耀着白色的光。"巴斯岩呈不平整的圆顶状，原本黑色的岩石被以北鲣鸟为代表的多种海鸟富含钙质的鸟粪所覆盖。哈维将整座岛比作一个被钙质卵壳包裹的巨大鸟卵。

虽然这座岛曾经并依然以羽色亮白的北鲣鸟繁殖集群最为出名，吸引哈维的却是另一种海鸟。他从岛上的向导得知，有种鸟比北鲣鸟更加神奇，可以将自己产下的一枚较大的鸟卵固定在突出的岩石上。哈维写道："最吸引我的是有种鸟能将自己单独的一枚卵固定在陡峭的尖锐岩石之上。"而这种鸟正是崖海鸦，哈维一定见识了它们在北鲣鸟中间于危险而狭窄的崖壁上孵卵的样子。他也肯定被告知了崖海鸦只有将自己的卵粘在悬崖上，才能在不筑巢的情况下于如此陡峭的石崖上孵卵。[11]

这样的想法也并非那么荒谬，现在知道至少有种鸟的确如此，棕雨燕就是将自己的卵粘在棕榈叶上再行孵化。但是哈维确实被误导了，不过几乎可以肯定的是，这种传说源自这样一个事实：被遗弃的崖海鸦卵常常会被粪便覆盖而粘在崖壁上。至于崖海鸦是如何在狭窄峭壁上成功繁殖的，真相其实更让人意想不到。

哈维对崖海鸦卵的简要叙述很快得到了后来者的补充，但真正的发现与合理的解释总是姗姗来迟。17世纪的丹麦神父卢卡斯·雅各布松·德贝（Lucas Jacobsøn Debes）于1673年记述了法罗群岛规模庞大的海鸟繁殖集群，他记载了崖海鸦如何产卵，每两只鸟之间仅隔"三根手指的宽度"，以及"当它们飞走时，卵经常滚下海里"。不过他并未提到崖海鸦卵的形状。[12]。另一则 17 世纪的记载出自马丁·马丁（Martin Martin）笔下，他于 1697 年造访了圣基尔达群岛（St Kilda），似乎是首位提到崖海鸦不同寻常卵形的人。他写道："它的卵大小似鹅蛋，一端尖而凸出，一端钝圆。"马丁还记录下了卵色："（那些卵呈）漂亮的绿色，杂以黑色；有的颜色较浅，带有红色与褐色的纹路，但非常少见；崖海鸦卵是当地居民的日常食物，比这里其他种类的鸟卵都更受欢迎。"[13]

托马斯·彭南特（Thomas Pennant）是吉尔伯特·怀特（Gilbert White）的主要笔友之一，他于 1768 年在《不列颠动物学》（*British Zoology*）中称崖海鸦有种技巧，使它们的卵能在狭窄的崖壁上保持平衡。他写道："同样令人感到惊讶的是，崖海鸦将自己的卵以非常精准的平衡状态置于光滑的岩石之上，并能保证它不会滚下来。如果将其移走再试图把它放回去，要找到先前的平衡即便不是绝无可能，也是极其困难的。"崖海鸦卵以精妙的平衡稳稳地位于岩石上，而非粘在了上面。[14]

饱受诟病但其实初衷良好的早期动物保护人士查尔斯·沃特顿（Charles Waterton），是沃克菲尔德附近沃尔顿庄园的乡绅，他于 1834 年来到本普顿并跟采蛋者们安排好了将自己悬吊下到崖海鸦产卵的崖壁上。沃特顿曾在 1814 年爬上罗马 129 米高的圣彼得大教堂，并把自己的手套留在教堂顶部的避雷针上作为纪念——显然他没有恐高症。教皇为沃特顿的大胆无礼而勃然大怒，命令他将手套取了下来。而在记载他造访本普顿经历的短文中，沃特顿写道：

崖海鸦在宽约 15 厘米的水平裸露岩架上产卵，有的卵与岩架平行，有的接近于这种状态，有的则是尖端或钝端朝向大海。没有黏合剂，也没有其他任何外来异物将卵固定在岩石上，它们就这样毫无遮挡地躺在那里，就像躺在你伸出的手掌上一样。[15]

沃特顿显然知道曾经误导哈维的关于崖海鸦卵被粘在岩石上的民间传说，他以自己的观察破除了谣传。他也同样发现崖海鸦卵并没有什么保持平衡的技巧。此后，很少有著者再犯上面这两个错误了。令人惊讶的是，沃特顿对崖海鸦卵所做的唯一评价就是它们富于变化："这些卵在形状、大小和颜色上有着难以置信的多样性。有的大，有的小；有的一端极为凸出，有的则近乎圆形。"[16]

19 世纪早期，人们对于鸟卵收藏的兴趣日益增长。威廉·休伊森的书是早期准确描绘鸟卵颜色的著作之一。休伊森是个蝴蝶和鸟卵标本的狂热收藏者，他写道：

如果崖海鸦的卵形状像其他大多数鸟类的卵那样，什么都救不了它们。它们那种在海鸟中独树一帜的卵形，是其唯一的保护。这种卵形使卵在静止时可以有更好的稳定性，而当有空间可以滚动时，较大的钝端会绕着较小的一端转圈，使卵得以留在原地。如果将其放在桌子正中滚动，它们并不会滚远。

这部分值得重读一遍："较大的钝端会绕着较小的一端转圈，使卵得以留在原地。"只要轻轻地一碰，崖海鸦卵便绕着自己的长轴开始旋转，这确实是个吸引人的想法。这也正是我在前言中提到的那位节目主持人所演示的，我怀疑跟主持人一样，休伊森也是从一枚清空了的卵壳得出的结论。[17]

休伊森的观点曾被 19 世纪鸟类学的伟大普及者弗朗西斯·奥彭·莫里斯牧师（Reverend Francis Orpen Morris）所重复，但并未指明具体出处。19 世纪 50 年代，彩色印刷才刚开始投入商业化应用。莫里斯跟印刷匠人本杰明·福西特（Benjamin Fawcett）和画家亚历山大·莱登（Alexander Lydon）合作，推出了一系列引人入胜也大受欢迎的博物学书籍。但是莫里斯本人有关鸟类和博物学其他方面的知识有限，后来有人称他为"一个被赋予了过多的精力，有着不良习惯的作者"。他在《不列颠鸟类史》（*History of British Birds*）中写道："崖海鸦卵呈明显的锥形，能够防止其滚落海中。当被风吹动或是受到其他原因扰动时，它只会原地打转，而不会滚远。"[18] 这跟休伊森的文字令人怀疑地相似。

1852 年，就在莫里斯的书出版后不久，威廉·麦吉利夫雷（William MacGillivray）作为 19 世纪最有洞察力的鸟类学家之一，对崖海鸦卵做出如下描述："外形上轻微的不协调就足以稳住一枚卵，梨形则能进一步阻止它滚落，但并非如普遍误认为的那种效果。"[19] 令人焦急的是，麦吉利夫雷既没有告诉我们"普遍误认为的"是什么，也没有提出他的不同看法。但我怀疑他指的就是休伊森被莫里斯轻率剽窃了的"原地打转"一说。

崖海鸦的锥形卵并不能阻止它们滚落的观点也为维多利亚时期鸟类学家亨利·德雷瑟（Henry Dresser）的一则评论所印证："在设得

兰群岛一带流行着一种说法，这些鸟宁可摔坏自己的卵，也不愿被采蛋者拿走。"[20]

整个 19 世纪和 20 世纪的大部分时间，崖海鸦的繁殖地遭受了无情的掠夺。北美洲及俄罗斯环北极地区的众多繁殖地可能已被当地原住民"开采"了数百年，但自从这些地点被南方来的探险者发现后，人们对崖海鸦卵和成鸟的捕杀就上升到了全新的规模，甚至给崖海鸦带来了灭顶之灾。从 19 世纪中叶开始，经过俄罗斯北极地区的摩尔曼斯克（Murmansk）和新地岛（Novaya Zemlya）的船队每年要从这里带走数以万计的崖海鸦卵。到了 20 世纪初，这样的行为完全失控，数十万的卵被掠走用以制作肥皂，还有数万只成鸟被作为食物捕杀。

随着 1917 年俄国革命的爆发和苏联的成立，布尔什维克禁止除政府之外其他任何人商业化利用苏联境内北极地区的海鸟。不仅如此，苏联官方还开始组织对集群繁殖海鸟进行研究。[21] 这一不同寻常的举动使得一系列生物学家在艰苦的条件下积累了大量关于北极海鸟生物学方面的资料。他们旨在为"保护和利用"的目的去了解"各个鸟种的生态学特征"。换句话说，他们想知道如何最大化实现对海鸟卵和成鸟的利用。[22]

卢·别洛波利斯基（Lew Belopol'skii）是其中最为能干的生物学家之一，他在二十岁时被选中参加一次野心勃勃的北极探险，乘坐一艘名叫"舒拉斯根"（Tschluskan）的商船从苏联西部的摩尔曼斯克到太平洋一侧的海参崴。[23] 这艘船在 1933 年 8 月启航，但到了 9 月就在白令海峡被海冰所困，并最终于 1934 年 2 月 13 日沉没。除一名海员之外，别洛波利斯基和近百名船员均成功逃离沉船，在冰面上建立了临时营地。他们还建了一条跑道，在 4 月份被苏联空军全部营救之前，这条跑道被重修了不下 13 次。返回文明世界时，探险队领队、参与救援的飞行员、部分船员和别洛波利斯基受到了英雄般的欢迎。他们被授予苏联最高荣誉勋章，并获得了随之而来的许多优待。别洛波利斯基因此被任命为巴伦支海七岛海鸟保护区的负责人。该北极野生动物保护区的建立恰逢公海捕鱼的开始，别洛波利斯基工作的一个重要目标就是利用从海鸟生物学研究获取的信息来提高商业捕鱼的效率。[24]

截至目前，一切顺利。随后在二战期间，别洛波利斯基被要求将他了解的有关海鸟的知识运用于生产实践。有一条船归他全权指挥，主要任务是去收获海鸟的卵及成鸟，以供摩尔曼斯克居民食用。当时，这些偏远地区的人获取补给非常不容易，不多的食物还要供应苏联红军，因此面临严重的食品短缺。别洛波利斯基成功完成了使命，这也使他在战后得以继续研究海鸟。

要想获取尽可能多的崖海鸦卵供人食用，就要尽可能减少从崖壁上跌落的卵。因此，对于别洛波利斯基来说，最重要的一项任务便是弄清如何减少大量卵从崖壁上落下造成的"浪费"。如果以现在的标准衡量的话，当年研究人员采用的方法非常粗陋，他们就像拉布拉多的北极狐那样，直接走向崖壁把海鸟惊飞，使它们的卵散落翻滚。

根据自己的观察和从另一位苏联海鸟研究人员尤·卡法诺夫斯基（Yu Kaftanovski）那里得到的观察资料，别洛波利斯基充分意识到，崖海鸦卵会像陀螺般旋转的观点是无稽之谈。卡法诺夫斯基于 1941 年写道："（通俗文学作品中有时会提到的）崖海鸦卵在每次触碰或在风吹动时会如同陀螺一般原地打转的看法有误。然而相比其他形状，它的梨形形状可以减少滚落的可能性，尤其在不平的表面。"[25] 不过，尽管别洛波利斯基同意卡法诺夫斯基的观点，但他并不满意他的解释，并进而问道："梨形卵具有更好稳定性的原因是什么？在何种情况下它们能获得真正的稳定性？或者反过来说，它们什么时候会失去平衡而开始滚动？"[26]

别洛波利斯基曾偶然观察到，大多数滚落而摔碎在下方岩石上的崖海鸦卵，卵内的胚胎很小，他由此推测新产出的卵比胚胎已经良好发育的卵更容易跌落。为了验证这一点，别洛波利斯基和他的同事做了一个实验。他们轻推那些只孵了几天的卵，结果这些卵全都跌下了悬崖。随后，他们又在孵卵时间较长的卵上重复了这一实验，结果发现"这些卵只是沿着圆弧滚动，并且留在了崖壁上"。[27]

按照今天的标准，他们对这些实验的描述极其含糊而难以令人信服，尤其是缺乏细节，让人没法重复他们的实验，也不知道他们总共测试了多少枚卵。

别洛波利斯基还安排一位叫萨瓦·米哈伊洛维奇·乌斯片斯基（Savva Mikhaĭlovich Uspenski）的同事进行了一项他所谓的"大规模实验"，他让乌斯片斯基走近刚产卵的崖海鸦，鸣枪将它们从孵卵的崖壁上惊飞。别洛波利斯基说枪声响起后，卵便毫不奇怪地开始从崖壁"倾泻"。当接近孵卵完成时，研究人员又回到同一块崖壁重复这一实验。砰的一声枪响后，"空中升起了一个巨大的鸟群，但却没有一枚卵从崖壁上跌落"。[28]

同样，因为所展现的细节实在太少，这个"实验"的意义也难于评判。这一实验的第二阶段没有卵"跌落崖壁",显然是因为所有容易滚落的卵在实验的第一阶段都已经掉下崖壁了,但别洛波利斯基并没有讨论这一点。

有意思的是,别洛波利斯基提出了另外一种解释:随着孵卵日程的变长,崖海鸦卵的重心发生了改变,与孵卵时间较短的相比,卵的钝端在岩石表面更为翘起。这是孵卵过程中钝端的气室逐渐增大的结果(参见第二章)。重心的变化使得孵卵日程更长的卵相对于较短的卵滚动的弧形半径更小,因而不容易滚下崖壁。

别洛波利斯基暗示,这种重心的改变是增强卵稳定性的一种适应。但是无论何种形状,所有鸟类的卵都会经历类似的变化,因此,这不大可能是一种适应,更像是重心变化后的结果。然而,这种效应在锥形的卵上确实可能更为明显,也由此增强了其稳定性。

苏联生物学家所采用的诸如走向崖海鸦繁殖的崖壁、向崖海鸦繁殖集群鸣枪和在繁殖群制造恐慌等研究方法,影响了他们对于崖海鸦的适应性体现在哪些方面的看法。未受惊扰的崖海鸦几乎从不会离开正在孵的卵,也很少恐慌。只有当人类或是北极熊、北极狐这样的捕食者出现时,它们才会受到惊扰,通常也会导致大量的卵滚落。但由于崖海鸦所选择的集群筑巢位置的特殊性,人和捕食者都难于接近,这样的情况也很少发生。让我比较惊奇的是,别洛波利斯基和他的同事一直在以达尔文演化论的角度思考问题。而在斯大林时期,苏联农业科学院院长特罗菲姆·李森科(Trofim Lysenko)推崇错误的拉马克学说,并使其成为了当时苏联的主流演化论思想。[29]

别洛波利斯基对于海鸟的多年研究最终汇成了一本名叫《巴伦

　　　　　　　　　　　　　　剥开鸟蛋的秘密

支海繁殖海鸟生态学》(*Ecology of Sea Colony Birds of the Barents Sea*)的著作，该书于1957年出版，英文版则在1961年问世。20世纪70年代，当我还是个学生时，他的书是重要的资料来源。但是这本书糟糕的印刷质量、很小的附图、模糊的照片、稍显蹩脚的翻译和又差又薄的纸张，都让其观感不佳。我最近又重读了它，并改变了自己的看法。我意识到尽管那时科学研究的方式不同，但别洛波利斯基取得的成就绝对了不起，远远领先于与他同时代的业内同行。除了生物学知识外，重读他的著作时让我最为惊讶的是他对于李森科和苏联政治制度的负面评价。

当深入了解了别洛波利斯基的经历之后，我才发现了这背后的原因。1949年，由于偏执狂约瑟夫·斯大林(Josef Stalin)怀疑苏共高层同僚里存在叛国者，作为所谓列宁格勒案件的一部分，别洛波利斯基的兄弟、妻子和父亲被捕。出于对列宁格勒的年轻党员的嫉妒和怀疑，斯大林针对他们捏造了案件。别洛波利斯基的兄弟当时是一个为党内精英服务的度假村的负责人，被诬陷为英国间谍。最后斯大林下令枪毙了他。三年后，别洛波利斯基本人也因被怀疑与此事有牵连而获罪，并在1952年被开除了党籍。尽管别洛波利斯基因"舒拉斯根"探险成为国家英雄而享有了政治豁免权，但体制自有办法应对：他被传唤到法庭，并被强制签署文件放弃豁免权。就这样，别洛波利斯基被剥夺了特权，并被当局"从轻发落"：判刑五年，送往新西伯利亚地区鄂木斯克以东、今天哈萨克斯坦首都阿斯塔纳[i]东北约500公里的一个劳动营关押。至于指控他的罪名——只因他是自己兄

---

i 2019年3月更名为努尔苏丹。——译注

弟的兄弟。幸运的是，1953 年斯大林死后他便被释放并恢复了名誉。1956 年，他在波罗的海沿岸的库尔斯沙嘴（Curonian Spit）这个候鸟迁徙的重要节点建立了雷巴奇候鸟环志站。别洛波利斯基于 1990 年去世，享年 82 或 83 岁。[30]

苏联鸟类学家对崖海鸦卵形状开展的工作没有得到一个统一的结论，到 20 世纪 50 年代，对崖海鸦的研究进入了新的时期。1956 年，瑞士生物教师贝亚特·钱斯（Beat Tschanz），会同另一位生物教师和伯尔尼自然博物馆的一位研究馆员一起造访了挪威近海的罗弗敦群岛（Lofoten archipelago），并对其中的维艾岛进行了为期三周的考察。钱斯由此迷上了崖海鸦，尽管其当时已然三十多岁，仍毅然决定重回大学攻读博士学位来研究它们的行为。很遗憾我从没见过钱斯，但我一直好奇的是，他来自既没有海岸线也没有海鸟的一个国家，最后竟然选择了研究崖海鸦。[31]

钱斯为崖海鸦在如此之高的密度下繁殖，并将卵直接产在危耸的悬崖上而着迷。他研究的重点是要确定崖海鸦怎样应对如此不同寻常的繁殖环境，或者更准确地说，是怎样的适应能力使它们得以在如此的环境下繁殖。

20 世纪 50 年代后期，针对适应性的研究已经开始成为热点。来自牛津大学的埃斯特·卡伦（Esther Cullen）对三趾鸥于悬崖上繁殖的适应性开展了研究。[32] 卡伦是尼科·廷伯根（Niko Tinbergen）的学生，廷伯根与康纳德·洛伦兹（Konard Lorenz）和卡尔·冯·弗里希（Karl von Frisch）一起因对动物行为学研究发展所做的贡献而荣获了诺贝尔奖。廷伯根对鸥类的视觉和听觉炫耀进行过多年的研究。三趾鸥是他和他的学生研究过的众多鸥类之一，也是其中唯一在悬崖上繁殖的种类。通过将三趾鸥的行为与其他在地面筑巢繁殖的鸥类进行比较，卡伦找到了三趾鸥得以在狭小崖壁上成功繁殖的适应性特征。

钱斯对崖海鸦的研究持续了几十年，主要关注三个问题，其中两个跟高繁殖密度有关：（1）（崖海鸦）如何识别自己的卵（参见第五章）；（2）（崖海鸦）如何识别自己的雏鸟（参见第八章）。第三个则是跟它们不筑巢、直接在狭小的崖壁上繁殖有关，即卵的形状的作用。20世纪60年代中期，钱斯数次前往英国与廷伯根会面，后者对钱斯所做的卵及雏鸟识别研究印象深刻。在廷伯根的建议下，他们还一起对红嘴鸥进行了相应的实验。与廷伯根一样，钱斯也采用了比较学的方法将崖海鸦与其近缘物种进行对照，主要是刀嘴海雀，也有北极海鹦和白翅斑海鸽。正如前文所述，苏联鸟类学家已经在崖海鸦卵形上做了很多研究，钱斯则渴望通过自己的独立研究来重新评估乃至拓展他们的一些观点。[33]

钱斯所做研究的首篇论文于1969年发表，合作者是保罗·英戈尔德（Paul Ingold）和汉斯于尔根·伦加切尔（Hansjürg Lengacher），该论文为崖海鸦锥形卵的适应意义提供了清晰的证明。正如沃特森在1834年所做的那样，他们将卵依照形状进行了划分，结果发现多态性相当高，轻度锥状、中等锥状和高度锥状的卵都存在。接着他们检验了不同形状的卵从崖壁上滚落的情况。刀嘴海雀较圆的卵则被用于对照实验。结果表明卵的锥形程度越高，就越不容易发生滚落。[34]

荷兰鸟类学家鲁迪·德伦特（Rudi Drent）在随后评价这项研究

结果时写道：

> 这些实验结果的适用性在自然条件下也得到了验证。将石膏做的假蛋放到崖海鸦的"巢"中，让亲鸟孵卵，并观察随着时间推移卵的损失情况。形同崖海鸦卵的假蛋的幸存率要明显优于形同刀嘴海雀卵形的假蛋，在观察数据最为详尽的一组当中，前者的幸存率为 84%（42/50），后者则只有 70%（35/50）。

这些结果似乎提供了决定性的证据，证明了崖海鸦的锥形卵确实较不容易从其所在的崖壁上滚落。

虽然德伦特是位观察力极其敏锐的生物学家，但他也几乎倾向于接受钱斯的结论了。不过，结果实际上并非德伦特所说的那样差异显著，多数生物学家在认同这一差别的生物学意义时会更为谨慎。[35]

当然，谨慎是应该的。事实上，钱斯和保罗·英戈尔德随后意识到他们最初看似明确的实验结果并没有那么有说服力。首先，石膏做的假蛋跟真卵的差别明显，假蛋更轻，而且内部的重量分布与真卵非常不一样；其次，他们意识到卵所处位置的岩石表面对于卵是否滚落具有重要的影响；最后，他们还发现亲鸟在防止卵滚落上发挥了很大的作用。

于是，英戈尔德重做了实验，其实验报告原文长达 47 页，在这里我们长话短说。他比较了真实的崖海鸦卵和刀嘴海雀卵在崖壁上不同岩石表面的滚落行为，发现前者并不比后者更不易滚落。在相对光滑的人工表面上及不同倾斜度下所做的实验发现，由于形状的差别，崖海鸦卵滚动的弧度要小于刀嘴海雀。但是在不平整的自然岩面上，两种卵滚动的弧度没有差异——因为刀嘴海雀卵的重量小于崖海鸦卵。这一点非常关键而又微妙，崖海鸦卵（重约 110 克）较刀嘴海雀卵（重约 90 克）更大而且更重，如果二者形状相似的话，崖海鸦卵将更有可能滚落。换句话说，鉴于崖海鸦卵的大小已经确定，锥形的形状对于防止滚落确实起到了一定的作用。

此外，英戈尔德还证明了崖壁岩架的坡度大小和表面的状态（光滑或多砾石），对于卵是否容易滚落也毫无疑问地具有重要影响。他同时指出，这两种鸟的孵卵行为具有显著差别，崖海鸦孵卵更为持续，亲鸟离开卵的次数较刀嘴海雀要少，且时间更短。这可能是崖海鸦为了保证卵的安全以及通过减少亲鸟交替孵卵次数而减小卵意外损失的一种适应，当然也可能并不是。

事实上，英戈尔德所指出的卵重对卵滚动行为的影响也是一直困扰我的问题。厚嘴崖海鸦在宽度更窄的崖壁上繁殖，卵具有更大的滚落风险，但它的卵却没有崖海鸦的锥状程度高。许多厚嘴崖海鸦卵的形状其实更接近刀嘴海雀的卵。英戈尔德则认为厚嘴崖海鸦总体上较崖海鸦小，卵也更轻一些（重约 100 克），因此它们可以产一枚不那么锥形的卵。

如果英戈尔德是对的话，我们就可以通过如下方法验证这个"弧形滚动假说"：我们可以比较两种海鸦不同种群的卵形差异，尤其是锥状程度的不同。如果这个假说正确，那么卵越大和越重，其锥状程度就越高。和其他很多鸟类一样，繁殖地越靠北的海鸦体型越大，所产的卵也越大且越重。这一动物的体型随着纬度升高而变大的规律被

称作"贝格曼法则"（Bergmann's rule）。卡尔·贝格曼（Carl Berg-
mann）是 19 世纪德国解剖学家和内科医师，他提出体型较大的动物
有着相对较小的体表面积，以此适应高纬度的寒冷气候。[36]

　　博物馆里藏有从两种海鸦的不同纬度地理分布区收集来的大量鸟
卵标本，所以收集数据以验证英戈尔德的观点似乎并不难。在几个月
里，我和研究助理拜访了欧洲的主要博物馆，拍摄并测量了超过一千
枚海鸦卵。最后，我们却没能为英戈尔德找到一丝证据。首先，尽管
正如我们所知，厚嘴崖海鸦的卵总体上不如崖海鸦的锥状程度高，但
它们的体积几乎是一样的，也就意味着其鲜重应该相同。这是英戈尔
德的假说面临的第一个挑战。其次，如英戈尔德预测的那样，两种海
鸦中更大的卵锥状程度确实更高，但这一差异是如此之小，因而在生
物学上可能是无关紧要的。[37]这些结果提示，卵的锥状程度可能是在
其他方面而非滚动弧度上发挥作用。直到现在，崖海鸦卵形状的奥秘
依然是生物学里一个独具魅力的不解之谜。

　　让勒普顿着迷的是崖海鸦卵令人惊奇的多样性，主要体现于卵色
和图案的变化，当然也有形状和大小的差异。他的藏品中有很多侏儒
和巨大的崖海鸦卵标本。人们自开始饲养家鸡起，就已经知道侏儒卵
的存在。这种罕见的现象过去常与各种迷信联系在一起，包括认为它
们是由年幼的公鸡所生，因此这些鸡蛋有时会被称作"公鸡蛋"。有
时它们也被称作"风蛋"，这源自一个古老的传说，据传风吹过母鸡
的输卵管会让其受精。然而这两点都是错误的，更为重要的是这些鸡
蛋都没有受精。典型的侏儒蛋没有卵黄，是卵子从卵巢释放后没有被
输卵管漏斗部所捕获而形成的（参见第 24 页）。由于缺少卵黄，输卵

剥开鸟蛋的秘密

管就产生了一枚微型的无黄蛋。有的情况下，从输卵管上脱落的一小片组织也会误触发卵的生成过程，导致母鸡产下一枚无黄的侏儒蛋。[38]

在一些更少见的情况下，母鸡会产很大的鸡蛋，打开之后往往会发现有两个卵黄。双黄蛋个头相对较大正是因为包含了两个卵黄。[39]通常这是由于卵巢中有两个卵子同时成熟并被释放而形成的。双黄蛋比较罕见：40年的野外工作经历中我仅在拉布拉多见过一枚双黄的崖海鸦卵。而在本普顿，这种现象似乎相对常见。里克比在日记中曾数次提到过它们，并且记述了一天之中从崖壁的同一区域找到两枚双黄蛋的情况！[40]勒普顿喜欢双黄蛋，多年来共收集到44枚，这令人难以置信。其中一枚重170克的让他尤为自豪，这大大超过了本普顿地区崖海鸦卵的平均重量（110克）。崖海鸦产170克的卵相当于人类生下5.4千克的婴儿，很困难但也绝非不可能。

尽管双黄蛋中的两个胚胎通常都能发育，但因为缺乏足够的蛋白，世界上很少有两只雏鸟从同一枚卵中孵出并且都存活的记录（参见第六章）。

家鸡中产生双黄蛋的概率大约是千分之一。[41]假设每年从本普顿采集约10,000枚崖海鸦卵，如果出现双黄蛋的概率与家鸡相同，那么采蛋者一年大概会遇到10枚。当然，事实上我们并不知道崖海鸦中出现双黄蛋的概率。

勒普顿的收藏中除了极大和极小的卵，还包括一些畸形卵，它们的形状几乎不在任何鸟类的正常卵形范围之内。这些怪异的崖海鸦卵包括近乎圆形的侏儒卵、特别细长似管状的锥形卵、对称的长形卵及不对称的杠果形卵。家鸡是已知另一种能产生如此之多怪蛋的鸟类，但想想全世界有 60 亿只产蛋母鸡，每年会产 1 万亿枚鸡蛋，倒也不觉得奇怪了。

勒普顿收藏的形状异常的崖海鸦卵向我们展示了鸟类输卵管的能力：在某些情况下可以产生几乎任何带有圆形的卵。我们所不知道的是，如果留在野外，这些畸形卵会不会孵出雏鸟？我猜想很多这样的卵都很难度过整个孵卵期。同时我怀疑，这些卵能够出现在勒普顿的储藏柜里跟采蛋者规律性地造访崖海鸦繁殖的崖壁有关。实际上，我认为采蛋者本身就要对这些从本普顿采来的形状怪异、大小和颜色失常的卵负部分责任。持续不断的干扰可能打乱了亲鸟体内卵的形成。我在相对没有干扰的繁殖集群地研究崖海鸦多年，只见过两次侏儒卵，并且从没发现过严重粗短或极度不对称的卵。

在勒普顿收藏的所有形状怪异的卵当中，那些杧果状的最让我好奇：它们的形状略扁并且带有一个独特的曲线。如果你想设计一枚不会滚动从而不会跌落下崖壁的卵，那这就是它该有的样子。既然崖海鸦的雌鸟有能力产下如此不对称的卵，这就意味着如果这样的卵可以成功孵化，自然选择可能会青睐它们。

最后，让我们再看看普通形状的卵。真的如有些鸟类学家所说的那样，多数鸟类的卵的形状都很少或没有选择上的优势吗？

过去有人认为卵的形状由孵出来的雏鸟的形态决定。在 15 世纪法布里修斯（Fabricius）讲道："事实上，几乎所有鸟类的卵都不是完美的圆形而有延长……因为雏鸟的长度要大于其宽度。此外卵也不是完全的卵形和均匀的延长，而是有一端更钝、更宽和更厚……因为雏鸟头部和胸部所在的上端更宽。"[42]他继续讨论了家鸡中卵形的变异，又拾起了卵形与雏鸟性别有关的老掉牙的观点：相对较宽的卵会孵出雌鸟。因为他错误地相信，跟人类女性比男性具有更宽的臀部相似，母鸡的臀部也比公鸡的要宽。威廉·哈维对自己的老师感到失望，他说："我很高兴法布里修斯提出的跟卵形有关的解释都因为无效而被摒弃了。"[43]

显然，对所有产卵的生物而言，卵形的主要限制是它在横截面都或多或少得是圆形，这样才能沿着输卵管形成和移动。但卵一定要沿着其长轴对称吗？

实际上，对鸟类来说"卵形的"并不意味着就是球形。其他多数动物的卵，比如鱼类、蛙类和海龟确实是球形。这意味着鸟类和如蛇、蜥蜴和鳄鱼等爬行类这样稍延长的卵具有某些选择上的优势。对此，有几种可能的解释。

首先，在所有形状当中，球形的表面积与体积比最小。任何偏离球形的卵形都意味着相同体积下有着更大的表面积，这对鸟类来说也许很重要，表面积的增加可提高热量从孵卵斑传导至卵的效率。当然，一枚非球形的卵在没开始孵卵前降温也更快。多数鸟卵的卵圆形也许是在孵卵时能有效增温和未孵卵时减缓降温之间进行妥协的产物。从这个方面来说，卵形可能也会受到平均窝卵数和亲鸟孵卵斑的形状与数量的影响。[44]

其次，很多并不直接孵卵的爬行类的卵形也是延长的，因此其他因素可能也很重要。其中最有可能的一个因素可能是"包装"。我们不确定对于蛇类、蜥蜴和鳄鱼来说卵的直径是否受到了限制，但就它们比较细长的身体而言并非不可能。但是，体型较大的鳄类也产相对较小且延长的卵，看起来不太可能是身体限定了卵的最大直径。

第三个对鸟卵来说的限制一定是卵壳的强度：鸟卵必须足够坚固到可以支撑孵卵亲鸟的体重，但又必须足够脆弱到能让雏鸟破壳而出。因此，对支撑孵卵亲鸟重量来说，球形卵肯定最为理想，但稍微细长的卵可能会为雏鸟提供更大的腿部空间和更强的杠杆作用，有利于其顺利出壳。[45]

值得注意的是，在过去几十年间对鸟卵进行过这么多研究之后，仍有这么多的问题我们依然没有答案。

那接下来就让我们看看对于鸟类卵色的了解会不会好些呢。

剥开鸟蛋的秘密

第四章　卵色如何形成？

"也许是一种尚未出生的激情

隐藏为月亮的音乐

睡在夜莺纯色的卵里"

——艾尔弗雷德·丁尼生男爵,《艾尔默》

（Alfred, Lord Tennyson, *Aylmer's Field*, 1793）

有一次，我拜访伦敦自然博物馆特灵分馆去检视他们的鸟卵收藏，想象着乔治·勒普顿和我一同前往。我们两人并排站在一个打开的放着许多崖海鸦卵的抽屉前，我问他看到了什么，他说："纯粹的美，包括形状、大小，最重要的是，丰富而又和谐的色彩与图案。"然后他问我看到了什么。我答道"数据"，更确切地说是"丢失的数据"，因为我们面前的多数卵都没有记录卡片且无任何采集信息。随后，我又补充说自己并非对这些卵的美无动于衷，但作为一名科学家，我首先想到的是，如果有记录卡片的话，这些标本就能告诉我们一些有关鸟类生活的内容。即便如此，我觉得博物馆里这样的鸟卵标本还能向我们揭示更多信息，对于它们的研究远未结束。勒普顿转过身来问道："你说的数据是指什么呢？"他和几个有明确科学目的的收藏家比较熟，因此经常会这样反问。勒普顿的反问让我停了下来并开始思考：我所谓的数据到底是什么呢？

数据是我用来解读自然世界的点滴信息。这就是科学家所做的事，也正是他们的目标所在。我想要明白为什么鸮类的卵是白色的？为什么崖海鸦的卵颜色如此多变？为什么鸫类的卵会是蓝色的？为什么有些鹱形目鸟类的卵是鲜亮的草绿色？如同我和勒普顿看着眼前的一抽屉崖海鸦卵一样，科学家们通过观察事物并且发问"为什么是这样""为什么又是那样"来获取新知。勒普顿告诉我他也是如此，所以我认为他也算是名科学家。不同之处在于对我而言，仅仅提出问题还不够，需要继续再向前迈一步乃至几步。"为什么是这样"就变成了"可能是这样"。也就是说，我由此提出了一种假说，一个我想象出来可能会是问题答案的观点。

鹱形目鸟类的卵美丽得令人惊叹，不同种类的卵色也不同，有蓝色、绿色、粉红或紫色等几种，且其质感看起来像上了釉的瓷器一般。如果真正想知道它们的卵为什么会这样，接下来我会考虑通过对其进行最为严苛的审查来检验自己的假说。我会问自己，会有哪些因素可能使得我的假说不成立？而此时最不应该做的便是去专门搜集支持自己假说的证据。如果我的假说在经过最严格的检验后依然成立，就可以开始认为我们理解为何鹱形目鸟类的卵具有这样的颜色了。

而想要提出一个合理的假说，你必须对鸟类的生物学知识有一定了解。当看到一枚鹟形目鸟类的卵时，乔治·勒普顿知道这是什么，但他从未去过中美洲也没见过鹟形目鸟类的巢，所以这并不利于他提出一个很好的假设。我在野外见过鹟形目的鸟类，还指导过一名学生研究它们，因此我清楚它们将卵产在地面的潮湿落叶上。如果孵卵的亲鸟（通常是雄鸟）不将卵遮盖住的话，在林中昏暗的光线下这些卵会熠熠生辉。为什么会如此显眼呢？有一种假说认为鹟形目鸟类的卵味道不好，因此它们带有亮光的卵色其实是种警告，仿佛就像在说："别吃我，会让你不好受。"事实上这是我能回答勒普顿的唯一解释，也是一个相对容易验证的想法。但勒普顿看起来并没有被说服，他若有所思地点着头，自言自语道："嗯，也许。"停顿片刻后，他补充道："鹟形目鸟类鲜艳明亮的卵壳可能是由不同形式的碳酸钙所组成的，因而跟别的鸟类不一样。"[1]

这下轮到我陷入沉思了。勒普顿的解释或假说跟我的想法完全不同，但绝非一个替代选项。它们之间的差别看似不明显，但对于理解科学家怎样诠释世界却是关键。我们提出的两个假说都同样合理，就好像透过稍有差别的镜头观察世界。我提出的假说关注卵色在演化和适应上的重要意义，想知道鲜艳明亮的卵色如何提高繁殖成功的几率，等同于发问鹟形目鸟类"为何"要产生这样的卵壳。而另一方面，勒普顿的假说则是一个关于"怎样产生"的问题：鹟形目鸟类是怎样产生这样带有完美光泽的卵的？他的问题关注卵壳产生的机制或过程。这两个假说都有其合理性，但又各自不同，至少需要从一开始就要区别对待，混为一谈只会引发困惑。我的假说回答不了关于"怎样产生"的问题，但勒普顿的则可以给"为何"鹟形目鸟类会产生这样的卵提供答案。尽管有关机制的问题能够给关于演化的问题提供丰富信息，但反过来却并非总是如此。

所以，生物学家们热衷于区分这两种认识自然世界的不同方法。当然，直到 19 世纪中叶达尔文让我们意识到自然选择是演化的机制之前，很少有人考虑过"为何"的问题。尽管此前已有一些具有洞察力的人物开始了这样的思考，但都无可否认地以上帝的智慧作为最终的解释。[2] 值得一提的是，这样两种类型的问题都同样重要，但大部分的生物学家都意识到想要全面理解一个系统需要同时知道"为何"以及"怎样"。然而现实是科学本身太过宏大，想取得进展你必须专门研究某一个方面，通常这也就意味着只能关注"怎样"或者"为何"。随着时间的推移，这两类问题受欢迎的程度也有所不同。20 世纪 60 年代末 70 年代初，"自私的基因"这种思维方式引起了思想变革，改变了我们对于自然选择的理解，"为何"较"怎样"对研究者更有吸引力。[3] 这也意味着近来探讨"为何"的研究获得了更多的资助。当下，还有一种感觉是关于"怎样"的问题似乎都已经解决了，因此研究没回答的"为何"更富有成效，更加激动人心，也更具回报。

而我是一个需要知道两类问题答案的坚定信徒，因此在本章和下一章里将分别介绍卵色"怎样"和"为何"形成。本章我们将重点放在"怎样"上，下一章将讲述目前对卵色为什么是这样的可能解释。

我科研生涯的大部分时间都在谢菲尔德大学度过，作为最早研究鸟卵中色素化学性质的科学家之一，亨利·克利夫顿·索比（Henry Clifton Sorby）在建立这所大学时也同样发挥了重要作用，这一点让

剥开鸟蛋的秘密

我既感到意外同时又很受鼓舞。同19世纪中叶的其他很多科学家一样，索比是个财务自由的人。他还是个科学上的多面手，最为人熟知的成就可能要算他认识到向钢中添加碳元素会大大增加钢材的强度，而这种冶炼方法也帮助谢菲尔德成为了钢铁工业重镇。海洋生物学则是他的另一兴趣所在，他发展了一种巧妙的方法来给蠕虫、水母和栉水母等海洋生物染色，且能够不损坏它们的形状或结构，以此来制作二维的幻灯片。

索比对颜色也很着迷，并于19世纪70年代设计完成了一种显微镜及配套的方法用来鉴别卵壳中发现的色素。实际上，卵壳只是他用这种方法分析过的许多生物材料里的一种。这种方法的原理跟我在学校做过的焰色实验相近，即基于不同物质燃烧产生的火焰颜色不同，来鉴定所对应的物质。索比发现除了在燃烧时颜色不同之外，不同物质对光的吸收能力也不尽相同，这同样能够用作鉴定。

在19世纪60年代，光谱分析的研究是个热门的科学领域。它的效用在发现两种新的化学元素上得到了很好体现。索比意识到光谱学也适用于显微镜："在光源和一组棱镜之间放上一份某种物质的溶液或者某种透明物质，在光谱特定位置上观察到的黑线就是由光线被该物质吸收造成的，这能够应用于鉴定。"[4]

通过选取卵壳碎片并溶解掉钙质，索比成功地将色素留在了溶液中。再用光照射溶液，观察光谱上的黑线条，他就能由此推测出色素的组成。

在索比之前，一些研究者认为卵壳上的颜色是产卵过程中意外的副产品，比如来自子宫内壁上的渗血，或是被胆汁渲染。有人甚至认为卵壳的颜色和纹路是经过泄殖腔时无意中被粪便污染所致。[5] 后一种观点于 19 世纪初首次出现，并在接下来的一百多年之中有着数位热心的支持者。值得一提的是，杜鹃爱好者爱德华·奥佩尔（Eduard Opel）与崖海鸦爱好者亨利·德雷瑟分别于 19 世纪 50 年代和 70 年代在鸟类输卵管内发现了具有完美卵色的卵，而这些卵都还没进入泄殖腔，直到那时，粪便染色的观点依然还有支持者，其持久性可谓惊人。[6]

索比仔细的分析显示，卵色由同样存在于血液和胆汁里的物质决定，但并非以许多前人所设想的方式形成。他共鉴定出 7 种不同的色素并总结道："到目前为止从已知的情况我能够断定，卵是由确定的生理产物着色，而非因功能完全不同的物质意外污染所致。"[7] 他之前对植物颜色如何产生所做的推论，放在卵色上基本上也能成立，这些颜色是由"一些明确及显眼的物质相对和绝对的量所决定"。[8]

尽管有其逻辑并且能够解释得通，但索比给自己所发现的 7 种卵壳色素起的名字确实很古怪，最为明显的就是在其中加入了"OO"字母前缀来表示鸟卵：（1）罗丹明（oorhodeine），（2）蓝绿色（oocyan），（3）带状蓝绿色（banded oocyan，带状指光谱上的条带），（4）黄嘌呤（yellow ooxanthine），（5）棕黄嘌呤（rufous ooxanthine），（6）未知红（an unknown red），（7）地衣黄嘌呤（lichnoxanthine）。

即便后续研究给这些色素起了不同但一样拗口的名字，我们也不用为记不住它们而担心，事实上卵壳色素只分为两大类：原卟啉（protoporphyrin）和胆绿素（biliverdin）。它们都与血红素的合成和分解有关，而正是血红素这种含铁的物质赋予了红细胞颜色。其实我也觉得这两个名字挺难记，不过还好仅有两个。

卟啉与红褐色有关，通常被称作卟啉-IX，IX 在此代表其化学结构以便与其他类型的卟啉相区分。卟啉在生物界中广泛存在，以至于被称作"生命的色素"（pigments for life）。[9]

胆绿素被索比称作"蓝绿色"，与卵壳的蓝绿色有关。它是血红蛋白分解的产物，也就是肌体受伤后有时能见到的淤青里的绿色。[10]值得指出的一点是，正是这两类色素的混合赋予了鸟卵美妙的色调，构成了它们作为自然艺术品般巨大的视觉吸引力。

我好奇索比的观点隔了多久才出现在动物学文献里，以及为何直到 20 世纪 20 年代，阿瑟·汤姆森（Arthur Thomson）在他所著的《鸟类生物学》（Biology of Birds）当中依然相信卵色是沾染上的废物，因此没有适应意义。而当时距离索比的发现已经过去了 45 年。他写道：

> 卵色很有可能是不重要的鸟类代谢副产品或废物，与输卵管所产生的卵一起排出体外。[11]

为了加强自己观点的说服力，汤姆森援引了植物学上的一个相似之处：

> 落叶中的色素非常美丽而引人注目，但就我们所知，它们除了作为绿叶基本化学程序的终端产物和副产品之外，并没有重要的生物学意义。[12]

而对于卵色的变异性，他评价道：

> 如果崖海鸦卵或者杜鹃卵的存活由一些特定的颜色决定，那么就有很多原材料可供自然选择发挥作用。[13]

总结起来，汤姆森写道：

> 我们的论点是，煞费苦心寻找独特的鸟卵颜色并没有太大的实际意义。色素的沉积可能是代谢的副产品，稳定的图案则是有序组成的表达。这也许就是全部了。[14]

20世纪70年代，当吉尔伯特·肯尼迪（Gilbert Kennedy）和格温·韦韦尔斯（Gwynne Vevers）测定出106种鸟类卵壳中两类主要色素的相对含量后，卵壳色素研究便向前迈进了一步。在我们看来没有明显颜色的白色卵被证明特别具启发性：暴雪鹱、河乌和红领绿鹦鹉的卵壳中两类色素都没有，白鹳、西红角鸮和蓝胸佛法僧的卵只有原卟啉，某些种类的企鹅和林鸽的卵则两类都有。[15]

我们现在已经知道构成卵壳的各层或每层物质都可能含有色素。某些种类甚至连壳膜都有色素，有的则只有钙质层才有，有的如家鸡，色素只存在于最外面非常薄的角质层。有些鸟类，包括猛禽在内，一些色斑位于卵壳深处以至于外观上都看不出来。一位研究者将卵壳表面移除后才发现这些色斑"逐渐显现出来，随之崩解消失"。[16]

岩雷鸟和柳雷鸟与家鸡的亲缘关系不算太远，它们的卵在刚产下

剥开鸟蛋的秘密

的时候整个表面都是湿乎乎的。在加拿大研究雷鸟的同事鲍勃·蒙哥马利（Bob Montgomerie）告诉我，由于雌鸟在产卵后会"粉刷"自己的卵，因此很容易在雷鸟卵上发现羽毛的印痕。此外，如果他拿起一枚新产下的卵，自己的指纹也会留在卵壳上。最重要的是在卵产下24至48小时内，卵壳的底色和其上的斑点都会因氧化而从淡红色变为棕色色调。

有意思的是，威廉·冯·纳图修斯在1868年进行的一项研究中声称跟雷鸟卵一样，刚产下的崖海鸦卵也是潮湿且能被涂抹的。我很好奇他是如何发现的，因为从没听其他任何人提到这种情况。或许你可能会猜想本普顿的采蛋者应该会注意到这种情况，但我并未找到相关记述。[17]

以往的研究者偶尔会在通常产彩色卵的鸟类的子宫中发现一枚白色的卵。1878年，弗雷德里希·库特尔（Friedrich Kutter）在解剖一只红隼时就遇到了这种情况。同时，他也提到子宫表面有细小的红棕色点。你可能会猜想他将这二者联系了起来，推测这枚卵正好要接受来自子宫处卵壳腺的色素。但他并没有这么做。恰恰相反，他认为那些色素点斑是从输卵管一路来到了子宫。后来的一些研究者接受了他的看法，但正如我们所见，在19世纪就卵如何获得颜色有着多种观点。直到20世纪40年代，亚历克斯·罗曼诺夫（Alex Romanoff）和阿纳斯塔西娅·罗曼诺夫（Anastasia Romanoff）在他们的鸟卵生物学圣经——《鸟卵》（*The Avian Egg*）中写道："所有的证据都表明子宫是色素分泌的地方。"20世纪70年代，另一位鸟卵专家艾伦·吉尔伯特（Allan Gilbert）在一篇综述里称，尽管现在已经清楚，分泌色素的腺体肯定在子宫当中，但它们具体是什么还不得而知。[18]

　　事实上，20世纪60年代日本学者在研究日本鹌鹑时，曾用显微镜观察过子宫内表层中被他们称作上皮细胞的部位，发现其中有待释放的微小色素球，就像喷枪里等待喷出的涂料。这项研究同时说明色素的生成和释放时间非常精准。如果你在色素释放之前或之后检查子宫，都会发现上皮细胞是完全空的而没有色素球。[19]

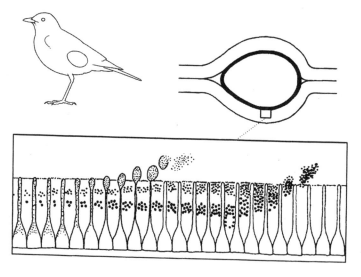

子宫中卵壳被色素着色的可能过程示意图

　　上图左：鸟类的轮廓示意图，展示卵在其体内的位置；上图右：卵壳腺中的卵；下图：卵壳腺内表层产生色素的细胞包括基底细胞（basal cell）和顶端细胞（apical cell），基底细胞基部宽，顶端细胞基部窄。从左至右展示了色素生成、释放、进入输卵管、抵达卵壳表面的过程。仿自田村和富士（Tamura and Fuji, 1966）。

　　我们对卵色形成过程缺乏了解应该归咎于家鸡。它们只产没有纹

剥开鸟蛋的秘密

路的卵，所以家禽业的研究人员没有经济上的动力——或者很少有机会——去探究纹路在鸡蛋上的形成。他们倒是对鸡蛋的底色感兴趣，因为"家庭主妇"们偏好某种颜色的鸡蛋，在英国是棕色，在北美则是白色。因此有研究关注过卵底色差异的原因，并已证明底色是由遗传决定。[20]

过去，在斯科默岛上我要走近所研究的崖海鸦繁殖集群，常常必须经过几处鸥类的繁殖集群。20世纪70年代那里有太多的银鸥和小黑背鸥，根本就绕不开。行走过程中不难发现，它们的一窝里最后产下的那枚卵最小且呈浅蓝色，而非像早先两枚那样呈典型的斑驳黄褐色。

类似的情况也出现在雀鹰身上，它们一窝最多可产7枚卵，其中最后的一至两枚通常比先产下的卵色要淡，纹路也较浅。此外，当第一窝失败后，再次产下的第二窝卵也总是颜色更浅。[21]

对此现象的解释是雌鸟体内的色素已耗尽。如果这个解释是真的，那就提出了一个新问题：卵色究竟有多重要？另一种可能性是较晚产出的卵及第二窝卵颜色浅跟某种适应有关。关于这样的适应有多种看法，有人认为最后一枚卵不太重要，只是充当潜在捕食者的诱饵；还有人则说因为先期产下的卵要在几天后才开始被亲鸟孵，所以更容易被捕食，从而需要更好的伪装。这些看法其实都不怎么有说服力。还有观点认为，最后一枚卵奇怪的颜色是对类似杜鹃这样潜在巢寄生者的信号，提示其这个巢已经到了满窝卵数不再适合寄生。这一说法似乎也不大合理，因为这样的话巢寄生者可以通过吃掉或者破坏已有的卵，迫使亲鸟再产一窝而从中获益。[22]

透过卵壳的光对胚胎发育有积极作用，基于这一事实，有人提出了另一个观点。令人惊讶的是，如果胚胎能够透过卵壳感知到一定量的光照，家鸡和日本鹌鹑的卵就会更早孵化。[23] 这一现象是否在其他鸟类当中也存在还未确定，但的确为后产下的卵具有更少的纹路提供了一个可能的解释。这样的卵能让其中的胚胎感受到更多的光照从而促进它的发育，这对于一窝中晚孵出的鸥类雏鸟或第二窝的雀鹰卵来说可能有好处。无论如何，为了具备足够的说服力，我们需要检验：（1）纹路较少的卵是否较早孵化；（2）更为迅速的发育是否是接受更多光照的直接结果；（3）由此节省的时间是否已经长到足以影响雏鸟的生存。这也可能是洞巢鸟倾向于产白色卵的原因之一。这也许给为什么许多营开放杯状巢的鸟类（比如鸫类）产淡蓝色的卵这由来已久的谜题提供了一个解释，只不过可能不那么显而易见。家禽业中已经发现蓝光对胚胎发育有着最大的促进作用。因为卵壳的颜色决定了抵达胚胎的光的波长，蓝色的卵壳也许可以让胚胎接受到最大量的蓝光而缩短孵卵期，由此也降低了卵在巢中被捕食的风险。[24]

崖海鸦卵最令人感到惊讶的一方面是，能在其中找到其他一万种鸟类里几乎所有可能的卵色和纹路类型。华莱士用"简直是疯狂"评价崖海鸦的卵色，其所言不虚。正如我们在第一章中已经提到的，跟乔治·勒普顿同时期的另一位鸟卵收藏家乔治·里克比留下了一本有关自己鸟卵收藏成就的日记，其中用绘画记录了崖海鸦卵12种主要的图案类型，并以"细点""短纹""乱线"和"黑端"等名字来描述。这些纹路可以出现在几乎所有的底色上，但对厚嘴崖海鸦卵底色和纹路类型的分析显示二者之间的联系并非随机，与底色较浅的卵相比，底色较深的卵往往会有较大的纹路。[25]里克比对于图案类型的划分肯定在采蛋者和鸟卵收藏家当中也得到了发展，以便相互间进行参考和交流。如果仅用12种类型就能概括崖海鸦卵所有的变异情况，那就太过容易了。事实上，里克比本人也指出这些变异几乎是无穷的，正如收藏者们使用的其他名称所示："绿瓣"（green petal）、"厚棕色底纹"（thick brown undermark）、"超红"（super red）、"蓝胡椒或盐罐色"（blue pepper and salt）、"铅笔纹"（pencil in shell）等。[26]

尽管已有数百万英镑及美元花在了研究家鸡的卵壳形成和结构上，但直到最近，对于其他鸟类卵壳上的纹路是如何形成的我们仍几乎一无所知。日本鹌鹑的卵纹路很重，研究显示这些纹路是在产卵前最后3至4个小时内形成的。对于如猛禽和崖海鸦这样有些纹路位于卵壳较深处的物种来说，卵色形成的时间应该更早。就像19世纪纳图修斯在他的研究中指出的那样，许多崖海鸦卵壳上色素聚集的区域通常都有更厚的钙质层和更深的底色。[27]

在第二章里我讲过子宫内充满了腺体，它们就像微型喷枪一样将色素涂在卵壳上面。这个比方听起来简单易懂，但我越想就越对这个解释感到不满意。崖海鸦卵纹路的颜色、图案和斑纹的分布通常非常复杂。要想鉴赏这种复杂之美，最好的方式就是画一张令人信服的崖海鸦卵彩色插图。我尝试过并且发现很不容易。我也曾给用于自己实验的模型假蛋上色，将假蛋涂装得与真的崖海鸦卵相近远比想象中要困难得多。有些早期鸟卵学书籍中配有栩栩如生的崖海鸦卵和其他鸟卵的插图，而这些艺术家往往都没有留下名字，对于他们我非常佩服。在想象这些图案是如何涂到真的崖海鸦卵上时，给模型蛋上色不失为一种带有启发性的练习。

　　有些崖海鸦卵的图案很简单，比如里克比命名为"黑头"（black cap）的那种，就只是钝端被大滴的黑色色素所覆盖。我设想这是卵躺在卵壳腺中一动不动，一些喷嘴较宽的喷枪对着它的钝端喷射黑色色素，直到黑色覆盖了整个钝端才会停止。被称作"细点"的图案要比"黑头"稍复杂一些，卵壳上均匀分布着细小的有色斑点，其产生过程和"黑头"相似且相对简单，卵壳腺处可能均匀分布着数以千计的微型喷枪，只需喷射几下就能创造出这种简单而可爱的斑点图案。

　　还有些卵的卵壳上有着大量图案，纹路互相渗透或者融合，其形成过程则更难想象。我选了一种常见的刀嘴海雀卵作为想象的对象，崖海鸦卵中偶尔也会有这一类型，在勒普顿的收藏中就能找到。这一类卵的卵色似乎是分层涂装，每一层又依次用钙质覆盖，从而形成了渐变的外观。不仅如此，卵色看起来像是以一种控制精准的方式喷涂的。可能是卵壳腺处的多种喷枪向略微旋转着的卵喷射色素，制造出的效果非常像用手指小心翼翼抹花的湿油漆。

　　最为奇特有趣、可能也是最具启发性的卵色图案来自于里克比称为短纹（shorthand）或乱线（scrawl）而我常称作"铅笔纹"的卵。这种卵的底色为白色、奶油色或淡蓝色，上面被一个棕色或黑色喷枪装饰上了看起来随意、貌似无穷无尽的潦草笔迹。有的似乎只有一个喷枪在发力，有的则像是多个喷枪的作品。

　　这样的图案是如何被涂装的呢？我一直在努力想象。最大的可能性是一旦喷枪开始喷射色素，卵壳腺处中的卵就开始旋转，使得这些潦草的笔迹似乎是被随意涂上的。想象下艺术家杰克逊·波洛克

（Jackson Pollock）用蘸满颜料的刷子在画布上滴涂作画，或者一个醉汉带着两三罐漏了的油漆摇摇晃晃地走在院子里光滑的水泥地上。但如果"铅笔纹"是这样产生的，我们可能期望看到不同喷枪产生的纹路之间会有一致的地方。许多这样的卵上却看不出明显的一致性，当然这点仍需经过数学统计上的严格检验。我乐意跟具有分析这类数据能力的研究者合作。如果要这么做的话，我们得"剥离"卵壳，将其图案展平并测绘那些不同的纹路，然后检查其相似性，说不定就能揭示这样的图案是如何形成的。

我不是数学家，截至目前也没能找到一位数学家来合作，所以只能试试别的方式。我选用鸡蛋来做实验，为简化操作我假设卵壳腺只有三个喷枪，于是将三支不同颜色的记号笔固定在不同的实验用弹簧夹上，使其间距3厘米并且都指向内侧。我拿着鸡蛋较尖的一端，将它靠近记号笔，当我确保笔尖能接触到卵壳后便开始转动鸡蛋。如我所愿，铅笔纹似的痕迹出现在了卵壳上。但跟我想的不一样的是，很难找到三种颜色的痕迹间有什么一致之处。

真正的"铅笔纹"另一个显而易见的特征是其清晰度和统一的宽度（约1毫米）。之前我说过刀嘴海雀的卵色通常显得模糊，然而崖海鸦卵上的"铅笔纹"却非常清楚，它们没有浸渗入底色而是有着清晰的边缘。如果你想要用一支喷枪在某个表面上做出类似的纹路，必须要使用速干颜料。你还需要类似于记号笔的工具，而非一罐喷漆或是一把蘸满水彩的大刷子。如果崖海鸦卵在卵壳腺处真的会旋转的话，要是没有能够速干的"颜料"，形成的纹路肯定会模糊或抹花。

其他一些鸟类的卵上也有"铅笔纹"图案。在澳大利亚和新几内亚岛上繁殖的一些园丁鸟，包括斑大亭鸟、大亭鸟，尤其是黄胸大亭鸟，都会产有美丽纹路的卵。形似黑水鸡、生活在热带地区的水雉类也是如此。英国读者更为熟悉的黄鹀，曾经也被称作"涂鸦杰克"（scribbly jack），它的卵有着粗细不一的深色"铅笔纹"。而且跟崖海鸦卵上的不同，这些纹路通常渗入了卵的底色里，让人联想起法国的芬德歌姆（Font-de-Gaume）、尼奥（Niaux）和鲁菲尼亚克（Rouffignac）岩洞中用血液混合泥土绘成的史前壁画里的动物形象。

诗人约翰·克莱尔（John Clare）用诗句非常贴切地描述了黄鹀的卵：

> 五枚卵，用笔着墨涂鸦于壳上
> 似花哨的潦草书写
> 作为自然的诗歌与田园的咒语
> 它们是黄鹀与她的居所……[28]

涂装卵色时，崖海鸦和黄鹀的卵可能要在卵壳腺处有不少的移动。要产生我们所看到的有些图案，这些移动必须相当复杂，也许是朝着各个方向。另一种可能是卵没有在卵壳腺处转动而是保持静止，是喷枪们在移动。是否有自由活动的涂色"装置"爬过整个卵壳表面进行上色呢？也许卵壳某些线状或其他形状的区域更容易结合色素？这两个想法看似不大可能，但在现阶段我们需要保持开放的心态。

有时，我们能在系统运行错误时学到更多的东西。在崖海鸦卵让勒普顿如此迷恋的众多原因中，一些卵的卵色类型便是其中之一。现在通过家鸡中的研究工作，我们已经知道这些卵色类型其实是形成过程中出现了问题导致的。其中一种类型被勒普顿及其他鸟卵收藏者称作"环带"（banded）：卵的中段有浅色或无色素的条带。在家鸡当中这是由于卵壳上色过程中的某种惊吓所致，在其他鸟类里可能也是如此。事实上一枚崖海鸦卵上有宽 2 至 3 厘米的环带，这表明颜色和图案是沿卵的长轴依次涂装形成的，而非在整个卵壳表面同时进行。

还有一种图案类型，卵较尖的一端比钝端有更多深色色素（通常情况下，钝端深色色素更多），里克比称其为"黑端"（nose cap）。这种类型可能是由于这些雌鸟卵壳腺内喷枪的分布与平常的相反；或者是卵在产下之前没能翻转过来，就像已知的其他鸟类所做的那样（参见第八章）。假如色素于卵钝端聚集这一典型的情况是因为"大口径"的深色喷枪都集中在卵壳腺的一端，那不难想到一枚没有翻转过来的卵就会在"错误"的一端被涂上颜色。[29]

目前，有些鸟类卵上复杂图案的产生机制仍是将来需要解决的研究课题。

第五章 卵色的作用

"大多数彩色的卵都缺乏保护色，对此，很多讨论过这一问题的人似乎都觉得难以解释，总有一种悖谬的感觉。但彩色的卵几乎无一例外都是位于巢中，而巢本身其实并不起眼。"

——威廉·皮克拉夫特，《鸟类的历史》

（ W. P. Pycraft， *A History of Birds*，1910 ）

关于卵色如何演化的探索，并非如你可能期望的那样发端于达尔文，而是始自艾尔弗雷德·拉塞尔·华莱士（Alfred Russel Wallace）。

作为自然选择理论的共同提出者，华莱士总是扮演着查尔斯·达尔文的副手角色。2013 年，为了纪念华莱士去世 100 周年，人们通过科学会议和电视节目为恢复他的科学声誉做出了巨大的努力。我不确定这些工作有多么成功，但至少现在他的名字比过去更为人所熟知了。

剥开鸟蛋的秘密

华莱士和达尔文提出的自然选择理论为解释自然世界提供了一个全新的途径。19世纪30年代在结束他极为重要的"贝格尔"号航行回到英国后，达尔文首次意识到了自然选择这一重要的现象。在敢于发表之前，他在接下来的二十年里一直在思考其后果。而华莱士是在1858年领悟到了自然选择，所以不管怎样，其确实晚于达尔文。

如今众所周知，当时身在印度尼西亚的华莱士把有关自然选择的想法写信告诉了达尔文。深受震动的达尔文非常担心自己优先发表自然选择的愿望可能会落空，他给与自己亲近的同事查尔斯·莱尔（Charles Lyell）和约瑟夫·胡克（Joseph Hooker）写信寻求建议。莱尔和胡克知道达尔文已经为自然选择努力了很长时间，鉴于这种情况，他们决定最公平的处理是共同公开发表两人的观点。他们安排将华莱士的论文和达尔文观点的概要于1858年7月1日在伦敦林奈学会宣读。

> 我们有幸与林奈学会进行了沟通，在此所附的两篇论文都涉及同一主题，即影响变种、亚种和物种产生的法则，包含了查尔斯·达尔文先生和艾尔弗雷德·华莱士先生两位博物学家不倦探索的结果。[1]

这是一次两位作者均未到场的联合发表，这次会议几乎未加评论便通过了两人的发现。似乎很少有参会者意识到了他们刚听过的报告的重要性。对达尔文来说则是如释重负，他得以喘息也争取到了时间，并最终促使他不再踌躇不前，开始写作《物种起源》（*On the*

Origin of Species by Means of Natural Selection），并于一年后正式出版。

华莱士似乎乐于待在达尔文的影子里，他余生的大部分时光都花在了探索自然选择的范围和意义之上。他研究过许多主题并把自己的各种发现和观点写成了不少于十本书。其中可能最有意思的一本于 1889 年出版，书名简单且显得恭敬，就叫《达尔文主义》(*Darwinism*)，而此时达尔文已辞世 7 年。

华莱士和达尔文对自然选择的效力抱有同样的看法，但在达尔文独创的性选择理论上存在分歧。困惑于雌雄两性之间常常在外形和行为上存在差异，达尔文开创性地提出了性选择观点。简而言之，只要繁殖上的成功可抵消生存上的代价，性选择便会偏好羽色亮丽的雄鸟。例如尽管雄性大眼斑雉长而花哨的尾羽可能会降低它逃避捕食者追捕的能力，但如果能使它在雌鸟眼中看起来更有魅力，它会比那些尾羽没这么华丽的雄鸟留下更多的后代。而演化上的胜利正是以后代来衡量的。

达尔文设想性选择经由两个过程来实现：雄性间的竞争和雌性对雄性的选择。[2]他以诸如绿头鸭这类雌鸟羽色暗淡的鸟类为例，假设性选择的起点是雌雄双方羽色都比较暗淡，而如果雄鸟能够展示出一些色彩，便能更容易得到雌性的青睐进而更容易繁殖成功，随着一代代的繁衍，雄鸟也会因此变得越来越漂亮。换言之，达尔文认为性选择利于色彩鲜艳雄性的演化。

华莱士不同意这点。首先，他并没有如达尔文一样觉得性选择如此重要。其次，他假设性选择的起点是雌雄双方均有亮丽的羽色，而

剥开鸟蛋的秘密

选择青睐的是色彩暗淡的雌性。华莱士和达尔文观点不同的原因在于前者认为雄性的鲜艳色彩是由于它们更具活力。实际上，华莱士认为雄性的鲜艳色彩只不过是它们生命力更加蓬勃的一个副产品。选择作用青睐那些羽色暗淡隐蔽性更好的雌鸟，这样它们在孵卵时更难被捕食者发现。

华莱士就性选择写道："对于我们观察到的事实，我们能够解释的唯一方式是假定动物体的颜色和装饰物跟健康、活力和适应生存紧密相关。"[3]

华莱士和达尔文就性选择和鲜艳体色演化所进行的友好辩论持续了多年。尽管后来证明达尔文是正确的，但华莱士也的确取得了一些重要发现。[4]

华莱士的其中一个发现是关于毛虫的颜色如何演化出来。这对达尔文来说曾是个难解之谜，因为毛虫并不能繁殖，只有变为成虫即蝴蝶或蛾子时才能参与繁殖，他意识到毛虫们的鲜艳色彩不可能经由性选择演化而成。华莱士正确推断出某些毛虫的鲜艳颜色是为了防御鸟类捕食演化出来的，它们以鲜艳的颜色宣告自己很难吃。[5]

华莱士解决的第二个难题正是鸟的卵色。尽管祖父伊拉斯谟·达尔文（Erasmus Darwin）在自己写的《动物学》（Zoonomia）一书中就已经提到过卵色，但达尔文本人却没有考虑过这个问题。[6] 其难点就在于：那些通常比较显眼的卵色怎么能适应环境呢？华莱士反复思考这个问题并且可以说发现了一些端倪。包括如伊拉斯谟·达尔文所建议的那样，卵色可能在某种程度上有防御捕食者的作用。华莱士首先认为依据颜色可将鸟卵分为几乎纯白的和有颜色的两大类。因为卵壳由白色的碳酸钙构成，华莱士称其为石灰碳酸钙，所以原始的鸟卵颜色跟它们的爬行类祖先一样肯定也是白色。[7]他又进一步指出如翠鸟、蜂虎、啄木鸟、咬鹃和鸱类这样的种类都在隐蔽的巢中产白色的卵。他提出在这种情况下鸟卵没有暴露给外界，因此不受自然选择的作用。这些白色卵并无不利之处从而保留了没有色彩的原始状态。尽管我们常常认为是华莱士发现了洞巢繁殖与白色卵之间的联系，但不知道他是否从休伊森那里得到了启发，据我所知后者是最早提到了这一点的人。[8]

华莱士的上述解释意味着如果卵暴露于外界，那卵色很可能就具有适应意义。在讨论这点之前，华莱士必须考虑那些在开放环境中繁殖但却产白色卵的种类，这一情况跟他的解释相矛盾。某些鸠鸽类、夜鹰和短耳鸮便是如此，但华莱士辩称这些白色的卵很少被单独留在巢中，孵卵的亲鸟本身就有防御捕食者的保护色。虽然听起来很有道理，可在亲鸟偶尔离巢的情况下，这些卵具有保护色仍然可能具有适应意义，除非此种情况下白色卵反而更为有利。我们稍后再来讨论这点。

华莱士继续道："现在我们来讨论那些有颜色或富有斑点的卵，它们比白色卵更普遍。要解释这些对我们来说是一个更为困难的任务，虽然其中很多明显带有具保护性的色调或纹路。"他接着列举了一些鸟，其中包括白额燕鸥和剑鸻，这两种鸟的卵色跟巢所在的卵石滩非常接近，因此大大降低了被如乌鸦和赤狐等捕食者发现的概率。

华莱士认为崖海鸦那显眼且令人印象深刻的卵恰好提供了一个反例，他觉得会很容易被捕食者发现。他写道：

剥开鸟蛋的秘密

> 崖海鸦卵多姿多彩的颜色和纹路可能要归因于它们被产在难以接近的石崖上，使其免受天敌的侵害……由于没有选择压力来阻碍个体变异的充分发挥，这些卵便有了最奇妙的各种图案。[9]

换句话说，华莱士相信崖海鸦卵没有受到选择压力的约束，从而得以演化出我们现在看到的各种引人注目的卵色。正如华莱士所说的"充分发挥"，在他看来卵色和羽色一样是由"活力"决定，不同物种产生的颜色是与它们生命力无关紧要的副产品。除非如剑鸻和燕鸥那样受到巢捕食的检验，否则都会自由发展。华莱士在这一问题上有关自然选择如何发挥作用的看法让人联想起一个行为受到父母控制的孩童，一旦逃出了他们的掌控范围就会欣喜若狂地蹦跳玩耍。正如我们将看到的，天才如华莱士般也犯了错。他关于洞巢鸟的白色卵不受自然选择约束的观点同样也有问题。而他认为由于繁殖场所没有捕食者，使得崖海鸦卵可无视自然选择的想法后来也被证明并不正确。华莱士觉得没有自然选择时，一种情况下产生了白色的卵，而在另一种情况下却产生了色彩缤纷的卵，在我听起来就像他想要两者兼得。当然，至少他可以辩解说崖海鸦普遍要比洞巢鸟更具活力，但他并没有这么做。

对于许多科学界以外的人士，乃至一些科学家来说，自然选择都是一个具有挑战性的概念，其中一个原因在于通常很难见证它具体是如何运作的。例如，我们在第四章中提过的阿瑟·汤姆森，他于20世纪20年代重新审视华莱士的关于白色卵的观点时写道：

> 可能更为深入看待有关白色卵问题的一个方法是认为卵壳

中缺乏色素是种原始特征，就像在爬行动物中观察到的那样，而继续保有白色卵的鸟类就要找到隐蔽的场所或者建不易被发现的巢。[10]

20世纪20年代，在自然选择理论和遗传学融合到一起形成"现代综合演化论"解释生物学现象之前，这（汤姆森的观点）是有关演化的典型观点。今天看来，汤姆森的看法似乎相当混乱：他假设卵色不可变，但巢址的选择可变。换句话说，筑巢位置的选择比卵色更容易受自然选择作用的影响。今天的我们不会再做出这样的假设了。

我们现在知道自然选择是通过作用于变异实现的，以卵色为例，这种变异必须编码在基因当中，否则就不会有演化上的改变。我们还知道变异是由基因突变造成。如果汤姆森今天再提出他的有关白色卵的观点，他可能会指出：（1）有些种类可能从不产生引起卵色不同的突变，自然选择对此也没有用武之地；（2）对于这些种类自然选择作用于其他的方面，比如更为隐蔽的筑巢位置，成鸟体羽的伪装色或者亲鸟更为强烈的护巢行为。

关于白色卵和隐蔽的巢洞的关系还有其他一些不同的假说。其中，亚历山大·莫里森·麦卡阿尔多威（Alexander Morison McAldowie）于19世纪80年代提出卵壳中的色素可以保护发育中的胚胎免受太阳辐射影响，但对洞巢的黑暗环境来说则没有必要。[11]

如华莱士所想，就像其爬行类祖先一样，最初鸟类的卵可能就是白色的且没有纹路。爬行类不需要有色彩的卵，因为它们将卵埋在地下、洞穴中或者植被里，所以相对不容易受到捕食者和太阳辐射影响。随着演化的进行，鸟类开始利用不同的筑巢地点，不可避免地使得鸟卵暴露于日光下，也更容易被捕食者发现。正如伊拉斯谟·达尔文和华莱士的观点，在这种情况下，褐色和布满斑点的卵更不显眼也更不容易被捕食者发现，如此看来似乎很有道理。

对于华莱士关于有色和带图案的卵比白色无花纹的卵更不显眼、更难被捕食者发现这一点，我们有两种方式来验证。首先，我们可以做一个研究，比较在不同生活环境中繁殖的鸟类的卵色，看看是否有广泛的规律可言。[12] 其次，我们可以进行一项实验，最为明显的就是改变卵的颜色，看是否会影响其遭捕食的概率。曾经有过很多类似的实验，将鸡蛋涂成白色或伪装色，然后留在人工巢中看哪个更容易被捕食。这一实验的结果看起来显而易见，似乎并不值得一试。虽然已有了不少这样的实验，但结果总体而言并不支持华莱士的假设。大多数情况下，白色卵并不比有伪装色的卵更易遭到捕食。这意味着华莱士错了吗？也许吧。但同样可能是实验本身由于各种原因错了。第一，涂了色的卵不仅看起来不一样，闻起来可能也不一样，从而会吸引主要靠嗅觉觅食的哺乳类捕食者。第二，由于鸟类的视觉跟人类的不同，尽管可能研究者在美工上已经尽了最大努力，但他们制作的带伪装色的卵在如喜鹊和乌鸦这样的鸟类捕食者看来并没有很好的隐蔽作用。第三，很多这样的实验都把涂好的卵放在人工巢里，而这些巢本身可能就很显眼。

对那些认同鸟的卵色有防御天敌作用观点的人来说，蓝色的卵一直是个问题，例如欧歌鸫和旅鸫，它们蓝色的卵在它们棕色的杯状巢里非常显眼，至少在人类看来是这样。伊拉斯谟·达尔文认为从他称作"枝条编织"的巢的下方看，这些蓝色卵在蓝天背景映衬下并不醒目。这一看法有好几个方面的错误，包括：事实上欧歌鸫和旅鸫的巢里衬有泥土，不可能看得穿；以及他假设主要的捕食者都只是从下方观察巢。

目前总计有三大类关于卵色演化的解释：伪装与显眼、防御巢寄生和个体识别。我们将依次介绍。

假如你曾在卵石滩上从一群尖叫着的白嘴端凤头燕鸥中走过，就会知道要避免踩到它们伪装良好的卵有多难。你可能甚至会不幸地感受到鸟卵被踩在脚下的可怕触感。许多营地面巢的鸟类如燕鸥、鸻、鹬和鹑类的卵通常都有着非常好的伪装色，很容易就可能被踩到。不难想象经过连续世代的自然选择，卵和背景的相似性愈发趋近完美。而跟背景不相匹配的卵则被捕食者发现并吃掉，导致这种不相似性的基因根本传递不到下一代。完全相同的现象也出现在桦尺蠖（*Biston betularia*）这一正在发生中的自然选择经典例证当中。在工业革命时期，树干被工业生产制造的煤灰沾染，自然选择青睐较暗的尺蠖，因为它们的伪装色能更好地躲避鸟类的捕食。在桦尺蠖和其他蛾类上进行的后续研究还有了另一个有关它们伪装色的重要发现：自然选择在经过若干世代强化伪装色效果的同时，也青睐那些选择停栖在适当图案表面以增强伪装效果的个体。[13] 这就提出了一个问题，如燕鸥和鸻鹬类这样的鸟类是否也会选择跟卵色最搭配的环境产卵呢？日本鹌鹑的卵通常有浓重的斑纹，近来有一项研究发现雌性日本鹌鹑似乎"知道"自己的卵色，从而选择与之最为接近的地方筑巢。这种行为上的加成极大提高了伪装色的效果。最大的问题是，雌性日本鹌鹑是如何知道自己产什么样的卵呢？它们是通过自己的第一次繁殖尝试学习到的呢，还是卵色与繁殖栖息地选择本来就是先天遗传的呢？[14]

一些在阴暗洞巢内繁殖的鸟类的卵上也有斑点和条纹，这又是为何呢？有一组研究人员认为自己找到了问题的答案，他们发现主要由原卟啉组成的色素斑点似乎多出现在卵壳比较薄的位置，并认为这些斑点可能具有弥补卵壳某些部位钙质不足以增加其强度的作用。但其他研究者后续所做的研究却没有发现支持这一观点的证据。如今对于这一问题，我们依然是一头雾水。[15]

对于某些颜色鲜艳的卵，有一种观点认为它们是特意演化得如此醒目。19 世纪初，查尔斯·斯温纳顿（Charles Swynnerton）最早提出了这一观点，作为一个热心的鸟卵收藏家他并不同意华莱士多数有关卵色的看法。斯温纳顿认为鲜艳的鸟卵可能不好吃进而演化出颜色，非常像有毒的昆虫那样，就是要让捕食者看见并且回避。他检验了自己的想法，给一些驯养的哺乳动物如一只老鼠、一只婴猴和一只灰獴提供了不同种类的鸟卵。他同时还用人类作为实验对象，记录受试者对鸟卵味道的反应。他的一位笔友沃利斯先生（Mr H. M. Wallis）曾提及自己在制作卵壳标本时，除了吹空卵内容物外，有时也会采用吸的方式，结果发现不同种类的卵尝起来区别很大。他写道："欧亚鸲、新疆歌鸲和家燕的卵味道很糟，但小苇鳽白色的卵尝起来像奶油般甜而温和。"斯温纳顿驯养的灰獴似乎也只尝试某些鸟卵，很爱吃林岩鹨和欧乌鸫的蓝色卵，而回避鹟鹩和大山雀的白色卵。

斯温纳顿是个仔细的观察者，更值得赞扬的是他热衷于检验而不是去证明自己有关醒目的卵难吃的假说。他同样明智地意识到了自己多次实验的局限性，最后认为几乎没有证据表明卵色和适口性之间存在任何关联。[16]

尽管有了斯温纳顿的结论，30年后的20世纪40年代，动物学家休·科特（Hugh Cott）再次检验了颜色鲜艳的鸟卵难吃的观点。科特执念于无论鸟肉还是鸟卵，颜色醒目和适口性之间都存有联系。但很遗憾他是个糟糕的研究者，被自己的热情冲昏了头脑。跟今天相比，20世纪40年代的科学研究方式以及对何为"证据"的理解有所不同。即便如此，科特对于鸟类肉质而非鸟卵适口性的研究依然存在瑕疵，并且后来也真的被证明是错误的。他还发现颜色鲜艳的卵较带有伪装色的卵适口性稍差，但这一研究同样存在欠缺。他采用的试吃方案是将稍微煎熟的不同种类炒蛋提供给一组人品尝。炒蛋？有哪种捕食者在野外吃过炒蛋呢？还有其他一些方法论上的问题，比如他认为所有雀形目鸟类的卵，包括欧乌鸫那样的蓝色卵都是带有伪装色的。总体而言，鲜有证据支持醒目的卵壳颜色代表着难吃。[17]

自然选择能够以我们看起来神秘的方式发挥作用，尤其在着力点不甚明朗的时候。而关于这一着力点具体是什么的看法只受到我们想象力的限制。关注如卵色的适应意义之类问题的研究人员（通常是行为生态学家）可以为自己富有想象力的假说而感到自豪。针对颜色醒目的鸟卵，他们提出了三种假说。

第一种被称作"勒索假说"，认为鲜艳的卵色是为强迫雄鸟提供更多的亲代照料而演化形成的。为了防御捕食者，雄鸟要么参与孵卵，要么饲喂孵卵中的雌鸟。该假说认为，雌鸟演化出颜色鲜艳的卵，如果卵被暴露地留在巢中就会吸引捕食者，最终使得繁殖尝试失败。作为应对，雄鸟就必须承担一些孵卵任务，或者为孵卵中的雌鸟提供足够的食物，减少雌鸟外出觅食而让卵失去看护的可能。嗯，大概就是这个意思。

第二种假说认为醒目的卵色反映了雌鸟的质量，所以它产下的卵颜色越鲜亮，雄鸟伴侣就越倾向于为雌鸟和卵投入更多。具体而言，该假说指出，鉴于胆绿素具有抗氧化特性，其浓度可以作为衡量雌鸟乃至其后代质量的一个指标。因此，雌鸟将越多的胆绿素用于产生卵色，雄鸟对繁殖的投入可能也随之增加。很久以来人们便知道，母鸡如果紧张、生病或者既紧张又生病时就会产下色素较少的鸡蛋，因此上述想法并非没有依据。[18] 有趣的是，斑姬鹟为该假说涉及的两个方面都提供了证据：质量更佳即身体状态良好的雌鸟确实产蓝色更深的卵，卵的颜色更深的雌鸟的确也获得了雄鸟伴侣更多的帮助。[19] 有些研究者质疑这个观点的逻辑，他们认为像斑姬鹟这样的洞巢鸟，卵在巢中的可见性能有多高呢？[20] 另一方面，有一项针对营开放杯状巢繁殖的旅鸫进行的研究，用人工的假卵替换掉它们的卵，假卵的颜色从浅蓝至深蓝色都有。结果发现放置深蓝色假卵的巢，雄鸟给雏鸟带回的食物要比浅蓝色的多。[21] 虽然上述两个研究似乎为"雌鸟质量"假说提供了清晰的证据，但最后的结论还远未见分晓。该假说还需要在更多的物种上进行验证，只有当特定研究被成功地重复出来之后，科学家们才会对结果感到非常自信。

第三种假说认为醒目的卵，尤其是产在开放地面巢里的白色卵，其适应性体现在能够防护太阳辐射和紫外线辐射。实验确认至少太阳辐射可能真是一个问题。在 20 世纪 90 年代，有一项研究把笑鸥的雏鸟和卵都涂成黄褐色或白色，然后暴露在阳光下一个下午，结果发现涂成黄褐色的卵内部温度比白色的要高出3℃。另外一项类似的研究，将自然白色或乳白色的鸵鸟蛋用棕色的蜡笔涂成深色，然后暴露在肯尼亚的强烈阳光下，得到了基本相同的结果：颜色被涂深的卵比白色卵的温度高出3.6℃，其内部温度达到了43.4℃，超过了鸵鸟胚胎的致死极限温度（42.2℃）。[22] 有人可能会问为什么鸵鸟蛋是白色而笑鸥的卵是黄褐色呢？答案在于笑鸥繁殖的地方白天气温绝不会有肯尼亚那么高。此外，由于乌鸦和渡鸦会捕食卵，笑鸥很少离开巢将卵留给天敌，所以它们的卵也很少直接暴露在阳光下。鸵鸟则恰好相反，它们的卵只会被白兀鹫捕食，而成年鸵鸟可以轻易赶走来偷食卵的白兀鹫，因此它们常常将卵暴露于阳光之下。所以在防止捕食和热应激之间存在一个权衡，笑鸥向防止捕食这方面倾斜，因此偏好较深而有伪装效果的卵色，而对于鸵鸟来说热应激是更大的风险，因此也就偏好浅色且醒目的卵色。

我们对于卵色的第二大类解释跟防御巢寄生有关。像大杜鹃这样的寄生者是如何让它们的卵如此接近其大部分寄主的卵呢？曾经有观点认为雌性杜鹃观察寄主的卵，在脑海中形成一个影像，再将这个信号传送到卵壳腺，并在当场给就快产出的卵壳涂上相应的图案。彩色复印机和扫描仪可以做到这些，但对于一只杜鹃来说未免太难了。尽管有些人觉得杜鹃卵与寄主卵的吻合就是这样实现的，但很少有鸟卵收藏家或鸟类学家相信这点。他们知道每只大杜鹃雌鸟总是产一样的卵，这意味着它们并不会或者不能调整自己卵的颜色。[23]

所以，这种吻合是如何形成的呢？有几种可能性，其中一个观点

剥开鸟蛋的秘密